U0898473

阿德勒的
情绪整理术

和 emo 说再见

[日]岩井俊宪——著　林贤浩——译

浙江人民出版社

前言

有时候，我们会在职场、在家里发脾气，会对未来有很多担心，会莫名地沉溺在抑郁的心境中难以自拔，还总是对自己的性格、外表怀有自卑的感觉。

像这样经常感受着负性情绪的人，在日常生活中总是努力地压抑自己的情绪。但是，情绪被压抑到一定程度就会爆发，需要重新压抑……像这样重复“压抑情绪—情绪爆发—再压抑情绪”过程的人，近来是不是越来越多了？

还有，大家可能认为，一个人的情绪模式遗传自父母，并在后天养育环境中被逐渐塑造而成，所以我们是无法改变自己的情绪模式的。

父亲是个脾气暴躁的人，经常把我和周围的人当作出气筒。母亲的嫉妒心很强，她不但总是吃着父亲的醋，对我的事情也要一件一件地审问。所以我担心，总有一天自己也会变成像父母那样性格的人。有这样想法的人应该不少吧。

但是，阿德勒心理学创始人阿尔弗雷德·阿德勒（1870—1937）关于遗传的问题有这样清晰的观点：遗传对人的心理、行为的影响并没有大家想的那么重要。比起一个人被遗传给予了什么特质，更加重要的是一个人怎么利用小时候被遗传给予的这些特质。同样的，“是否使用情绪”是可以由自己决定的。换句话说，即使你整天用怒气冲冲、患得患失、火烧火燎的情绪模式与周围事物互动，也并不能说这都是遗传的恶果。至于成长环境，虽然对你有影响，但要走什么样的人生道路最终还是由你自己决定的。这就是阿德勒心理学所说的“自我决定性”。

某些心理学理论告诉我们，情绪决定一个人的行为，而人无法控制自己的情绪，等等。阿德勒心理学站在与这些观点完全相反的立场上，强调情绪的“自我决定性”，认为人们可以按照自己的意愿选择、使用情绪，即人完全可以控制自己的情绪。情感与思考、行动一样，是人类必备的基本心理功能之一，它不可能脱离我们的意愿独自运行。

不断完善的阿德勒心理学理论体系，对情绪有以下三个坚定的信念：

第一，一个人可以通过调节情绪实现改变自己的目标。

第二，想要改变自己，从现在开始永远都不会太晚。

第三，只要自己能改变，人生就会随之改变。

我们践行以上信念的关键是调节情绪。敬请各位务必将此铭记在心。

以阿德勒心理学理论为指导撰写的本书，将从以下三个方面把握情绪：

1. 情绪包括正性的“阳性情绪”和负性的“阴性情绪”。阿德勒也将它们称为“连接性情绪”和“分离性情绪”。

2. 情绪具有时间特性，可分为面向现在的情绪、面向过去的情绪、面向未来的情绪。

3. 有些情绪是由理想（目标）和现实（现状）之间的落差而引发的。

详细内容，请阅读本书的各个章节。请您千万不要将本书将要探讨的愤怒、怨恨、不安、担心、恐惧、焦急、嫉妒、羡慕、抑郁、自卑感等情绪看作不好的东西，因为它们都是我们赖以生存的基本心理功能。本书聚焦于如何使用我们身上必备的这些基本心理功能，希望它能成为你学习如何建设性地使用自己与别人的情绪的指南。

我们不会对谁都表达同样的情绪。我们的情绪必定是在某种情况下、为了某个目的、针对某个特定的人使用的。这本书将帮助你认识到这一点。

人们对于情绪和对其他事物一样，倾向于粗糙地、绝对地将其分为好和坏、对和错。这不利于我们有效地调节情绪。而本书将以新的、建设性的视角引导读者合适地使用自己的情绪。

能否驾驭这些似乎无法驾驭的情绪，关乎我们能否拥有更加美好的生活。无论是哪一种情绪，都是你我鲜活、多彩的人生伴侣。

如果本书可以帮助你自由地选择、有效地调节情绪，从而明显改善你的人生，这对我来说无疑是无上幸福的事情。

岩井俊宪

目 录

第一章

情绪是可以调节的

第二章

借助愤怒认识真正的心情

第三章

焦虑教会我们的人生课题

第四章

检视疑虑，从嫉妒走向自由

第五章

在抑郁中积蓄未来的力量

第六章

与自卑结伴成长

第一章

情绪是可以调节的

其实你已经在驾驭自己的情绪了

“对优柔寡断的人火冒三丈！”

“担心未来没钱花。”

“总觉得情绪低落。”

“羡慕比自己更能干的人。”

“反正自己再努力也没用。”

一个人只要活在世上，多少要面对这样那样的烦心事。可以说，没有烦恼的人在这个世上是不存在的。

我是从事阿德勒心理学研究的学者，每天从事心理咨询工作。在倾听来访者烦恼的过程中，我发现他们有一个共同的问题：很容易情绪化、经常出现厌烦情绪。这使他们担心自己不能合适地处理这些情绪。另外，不管是在职场、在家里，还是和朋友在一起，他们常常一不小心就会生气。这又不禁让他们自问：“这样下去，真的可以吗？”他们反复地受到负性情绪的支配，总是自己把自己搞得很疲惫。但是，事实上什么事情都没发生。

一个人是可以控制自己的情绪的，因为我们早已具备了按照自己的意愿控制情绪的能力。

比如说，你和配偶或者恋人大吵了一架，这时候体验到的情绪叫作“愤怒”。

“你给我滚出去！”

“要滚出去的是你！”

就这样，你们通过言语不停地相互伤害，使两人的感情急速阴云密布。这时候，你的手机响了，你会一边想：“到底是哪个不知死活的家伙，在这个时候打我电话！”一边自然地将手机贴近自己的耳边。接着，从电话那边传来了大学时代学长的声音，这时候你会怎么回复电话呢？

“哇！好难得啊，好久不见！”你会立刻停止你的怒火。

发现了吗，你快速改用和先前完全不同的、非常平静的语气回复电话。如果你不能控制你的愤怒，这个时候你应该会延续先前的愤怒情绪，不加掩饰地对对方说：“即便你是学长，也不要在这个时候打我电话！”但事实上，你一般不会用这样恶劣的态度对待对方。

这个例子说明，人在愤怒的情境下，可以瞬间区分不同对象和情景，并做出相应的反应。

负性情绪是我们自己的选择

没错，我们可以依据不同的对象和情景区别使用我们的情绪。那么，像无法自制地生气、无法抑制地不安，这样的烦恼是怎么产生的呢？这是因为你自己想使用这些情绪，是你不想控制它们，而不是你难以控制它们。这种想法存在于你内心深处，在你觉察不到的潜意识里。

你愤怒，完全是因为你想愤怒；你不安，完全是因为你想不安。也就是说，担心自己整天怒气冲冲无法自制、不由自主地对他人发怒的人，事实上不是他没法控制自己的情绪，只是他没有觉察到自己不想控制而已。我们苦恼自己无法控制情绪，是因为我们未能觉察我们的情绪指向的对象和目的。如果能够准确觉察情绪指向的对象和目的，就会发现我们的情绪都在自己期待的方向上、在实现自己目标的路上，就可以感觉到我们的情绪依然在我们自己的掌控之中。

如果你正为自己烦躁不安的情绪而烦恼，还因此引发职场、家庭、邻里关系的困扰。没关系，只要你下点功夫，稍微调节下你的情绪强度就可以解决这些问题了。因为情绪原本就在我们的掌控之中，调节情绪根本就不是什么困难的事情。请你一定记住，使不使用情绪、使用什么样的情绪本来就是由你自己做主的事。

容易调控的情绪种类

"他是个情感丰富的人。"

"不能过于情绪化。"

"因为打击太大，情绪难以平复。"

在日常生活中、在形形色色的场合，我们总是将与情绪有关的事情挂在嘴上。虽然大家都在谈论情绪，却往往不知道情绪的深处混杂着很多不同的要素。

心理学上，将人的情绪粗略地分为三种类型：

1. **感觉性情绪**；

2. **心境**；

3. **激情**。

感觉性情绪是一个人伴随五官感知觉过程经历的愉快或不愉快体验，是“好香啊”“味道好极了”“好漂亮啊”那样的心理觉察。

与此相对应的，心境是像爽快、忧郁那样与身体机能紧密相关、持续时间比较长的情绪状态。考试失败后的消沉、体育比赛观战后的兴奋等都属于心境。心境一般由某种事物、某种情景引发，发生后长时间存在、无特定指向、具有较强的感受性。

而激情是快速发生、比较强烈、持续时间较短的喜怒哀乐情绪。我们经常挂在嘴边的“愤怒”“悲伤”“喜欢”等情绪都可以被归为激情。

与愉快和不愉快相关的感觉性情绪，我们无法控制。就像平淡无味的食物放进嘴里的时候，我们很难回避“啊，好难吃”的体验一样。因为这种情绪体验是伴随感官知觉自主发生的，你想回避、想控制都是很困难的。也因此，很多心理学理论认为，想通过努力控制自己的情绪是件很难的事情。

的确，阿德勒心理学也承认控制感觉性情绪与心境的巨大难度。

阿德勒认为可以控制的激情

可是，在阿德勒心理学看来，激情是可以通过自己的努力加以控制的。激情是生活中最让我们烦恼的东西。调节激情能力的高低是决定我们人生幸福与否的关键。

从这里开始，本书阐述的情绪就特指激情。阿德勒心理学关于激情有以下观点：

▶**激情一定是朝着某个对象的。**

▶**激情一定是为了实现某个目的。**

激情的对象是分享喜悦、发泄愤怒、表达嫉妒等情绪活动指向的人或事物。激情的目的是情绪表达旨在得到的好处、结果。比如说，愤怒者想通过愤怒情绪的表达让自己占领优势地位，达到支配对方的目的。因此，一个人如果能有意识地明晰激情的对象、弄清激情的目的，就可以更好地控制情绪。这是阿德勒心理学的基本观点。

表1-1　情绪的三种类型

一、感觉性情绪

例　“好香啊！”“好漂亮的花哦！”

⬇

伴随感知觉而来的愉快、不愉快体验，无法控制

二、心境

例　看完足球赛后，心情特别亢奋

⬇

与身体机能紧密相关，无法控制

三、激情

例　平时被称为“开心”“伤心”等情绪

⬇

通过明晰激情的对象和目的可以加以控制

喜悦有时候也会变成负性情绪

要学习情绪（指激情）的控制方法，我们首先需要详细、深入地理解情绪。一般来说，心理学将情绪分为阳性情绪和阴性情绪两种类别加以研究。阳性情绪是积极向上的、建设性的情绪，即所谓的正性情绪。成就感、满足

感、祝福感、憧憬、好奇、喜悦、喜欢等感觉都属于正性情绪。相反地，阴性情绪是颓废消沉、非建设性的，即所谓的负性情绪。愤怒、嫉妒、悲伤、灰心、抑郁、胆怯等都属于负性情绪。

阳性情绪和阴性情绪还可以根据过去、现在、未来的时间轴进行分类。属于过去的情绪有怀念、原谅、后悔、怨恨等，属于未来的情绪有期待、焦急、担心、不安等。怀念是对过去的阳性情绪，后悔是对过去的阴性情绪，期待是对未来的阳性情绪，焦急是对未来的阴性情绪。

不过，即使是同样的情绪，在不同的情境下可能是正性的也可能是负性的。从这个角度看，阿德勒认为：对于情绪体验，如果不按照情景、场所、对象进行详细区分、判断，就有可能出现问题。比如，一个人在嘲笑、戏弄另一个人的时候，开玩笑的人体验到的是开心的情绪，属于正性情绪。但是，被取笑的人体验到的可能就是屈辱感。对此，我们头脑中会冒出一个疑问：难道可以将这种喜悦归为正性情绪吗?!

表1-2　从时间轴看阳性情绪与阴性情绪

时间轴	过去	现在	近期和未来
阳性情绪	怀念、原谅	成就感、满足感、祝福感、憧憬、信赖感、亲近感、平静、一体感、好奇心、感动、爱、幸福感、充实感、包容感、快乐、喜悦等	安心感、期待
阴性情绪	后悔、怨恨	愤怒、恐怖、嫉妒、羡慕、猜疑、苛责、悲伤、罪恶感、灰心、抑郁、厌恶感、寂寞、迷惑、怨恨、屈辱感、胆怯等	焦急、担心、不安

正因为这样，阿德勒放弃使用阳性情绪和阴性情绪的分类，取而代之地，他从情绪对人际关系的影响的角度将情绪作了如下分类：

▶**连接性情绪：**促进自己和他人相互联结，具有接纳别人倾向的情绪。比如喜悦、共情、同情、羞耻等。

▶**分离性情绪：**疏远自己与他人的关系，对他人具有敌意的情绪。比如愤怒、伤感、不安、恐怖等。

使用这样的词语来讨论情绪，就很容易理解某种情绪表达的结果是拉近人际关系还是疏远人际关系。这种思路体现了阿德勒心理学的思维风格：站在人际关系的基点上考虑问题。

就像前面提到的，嘲笑他人时体验到的情绪，就可以说是一种有问题的情绪。这是我亲身体验过的事。我作为助手在一家公司进修的时候，曾被邀请参加一次聚会。开始我很开心能参加这次聚会，但不知怎么，我居然成为大家酒兴正浓、兴高采烈时开玩笑的对象，事后还成为同事们茶余饭后的谈资。他们说起这事的时候看上去都很开心，而作为被嘲笑对象的我只能露出苦笑。

的确，对于把我当作玩笑对象的同事们来说，他们体验到的是连接性情绪，这种情绪促进了他们彼此之间的联结；而作为被开玩笑的对象，我对周围的人似乎怀有分离性情绪。这个例子就可以说明：即使是正性情绪，有时候也可以让人与人之间的关系更加疏远。

控制情绪的理性信号灯

那么，情绪容易波动的人与不容易波动的人之间的差别到底在哪里呢？差别就在“理性回路”和“非理性回路”（情绪回路）之间的平衡水平。当一个人朝着自己的目标努力时，有的人理性回路占主导地位，有的人非理性回路占主导地位。理性回路占主导地位的人，更倾向于“理性思考后再行动”。

▶**体重好像要增加了，要抵制美食的诱惑，管住自己的嘴了**。

▶**为了赶上截止日期，每天要完成定量的工作**。

他们往往只在对事情作出理性判断之后才付诸行动。理性回路占主导地位的人，做事不太需要情绪参与，可以潇洒地行动。这样的人，从外表上看是缺少情绪、非常冷静的人。

与之相对的，也存在非理性回路占主导地位的人。这一类型的人，高度倾向于情绪化行动，情绪表达非常丰富。

人的情绪就像路上的红绿灯，通常向我们发出三种信号：通行、停止和注意通过。其中，重要的自然是通行和停止信号。比如，当一个人被人嘲笑的时候，他就会不知不觉地提高嗓音、靠近对方，此时，愤怒情绪向他发出了“通行”的信号。再比如，在某些情况下，一个人会不自主地体验到不愉快的感觉，而他自己也不知道是什么原因。这种“不愉快”就是情绪红绿灯发出的“停止”信号。

曾经有位会务策划人，被朋友提议邀请专业摔跤手举办一场摔跤活动。因为他自己也对摔跤很感兴趣，觉得专业摔跤很有意思，所以立刻就同意了。但是，他回家后再三考虑，觉得这个活动似乎与公司的风格不太匹配。此后，他无论怎么试图说服自己，总能感觉到无法驾驭的不安和不协调感。据说，他最后还是拒绝了举办摔跤活动的事。他说：“为什么要拒绝这事，我也说不清楚原因。”这就是所谓的，情绪红绿灯发出的“停止”信号。

控制情绪不是要压抑情绪

以阿德勒心理学为基础从事了30多年心理咨询的我认为，没有必要压抑自己的情绪。因为控制情绪与压抑情绪根本就不是一回事。压抑情绪是否认情绪价值的做法，实际上是在让一个人尽量没有情绪。

如果我们只是一味地压抑情绪，对眼前的问题视而不见，不仅会把自己搞得可怜兮兮的，还可能将别人也卷进来，给人带来不好的影响。如果这样，要想过上幸福的生活，难度就会很大。

情绪，在必须使用的时候，就要适当地使用；在没有必要使用的时候，就不要使用。控制情绪就是要根据时间、地点、场合使用适当的情绪。

善于调节情绪的人，是可以根据情况适当地使用理性回路和情绪回路的人。就像能力出众的培训师，都擅长给听众打鸡血、让听众情绪高涨。这个技能的秘密就隐藏在情绪控制方法里。具体地说就是，有时候使用理性回路，持续推进逻辑性的话题，有时候又开放情绪回路，用充满热情的语言让听众情绪高涨。像这样，能够适当地使用情绪，在工作和生活中都能取得成功的人，大多是可以和情绪友好相处的人，不是吗？

利用理性回路保持自责和他责的平衡

如果自责和他责之间的平衡崩塌了，负责调节情绪的理性回路就可能启动不起来。在现实生活中，与责备别人相比，很多人更习惯于责怪自己，存在过度自我责备的倾向。抑郁就是一种将愤怒情绪朝向自己发泄的状态。他们担心将这种负性情绪朝向别人就会变成赤裸裸的愤怒。在自责与他责之间的平衡崩塌后，一个人就会陷入不能适当调节情绪的状态。为了防止这种状况，让自责与他责处于五五等分的状态是比较理想的。不论是过于自责，还是过于他责，都有伤害自己、伤害他人的风险。

我有一位男性作家死党，接受了一项出版社委托他撰写书稿的工作。因为实在太忙，到了约定交稿的时间还未能完成书稿。在出版社的多次联络催促下，正处于艰难挣扎状态的他只能拜托出版社再给他一个月时间。对方很不情愿地答应了。但是他依然很难抽出时间来写书。两周后，他收到编辑的信息说："书稿已经委托别人撰写了。"看到这条信息，他瞬间暴跳如雷。因为他的书稿已经写了三分之二了。于是，他在愤怒之中给编辑回了信息："我确实没能按照当初约定的时间完成书稿，给编辑部增添了麻烦，但是只因为迟了两星期交稿就撤销原来的出版约定，实在让人无法接受。"接着，他单方面地宣告，将正在写的书稿让其他出版社出版。这是他采用一成自责与九成他责的方式处理自己情绪的结果。

在这种情况下，采用什么样的策略可以让双方都不会陷入情绪化的状态呢？请记得运用“自责和他责的五五法则”。出版社在没有与他商量的情况下撤销了委托确实不对；但另一方面，虽然不是有意而为，但毕竟是他没在截止日期前完成书稿撰写在先，造成双方情绪化而互相责备，让双方关系陷入破裂的边缘。这个时候，如果将自责与他责进行五五分成，他会感到“没有好好遵守约定按时完成书稿自己也不对”，自然不会对出版社感到愤怒。所以，在调控情绪的时候不要忘了这个“五五法则”。关于这个问题我们将在第二章中详细说明。

面对情绪事关幸福生活

大家可能会想，这些让我们困扰的情绪还不如没有的好。但是，如果真的没有了情绪，人就变成了机器，也就基本不能叫作人了。人之所以为人，就是因为他可以感受到各种各样的情绪。

“自己还能活几年呢?”

“老后的生活没问题吗?”

拥有这样的不安情绪，是因为人们具有预测未来的能力。此外，我们正因为积累了丰富的人生经验，才会涌现“那个时候失败过”的后悔情绪；正因为怀着“那个时候真的好开心”的记忆，才有怀念的情绪；也正是因为情绪时间轴在不断地延长，才有我们的成长。

总之，我们一旦获得情绪，就无法将它消除。但是，尽管不能让情绪完全消除，我们还是可以选择不去使用某种情绪，或者调节情绪的强度。在阿德勒心理学看来，情绪不是从心底自动冒出来的东西，它是我们在具有某种目的的前提下，用来实现这个目的而使用的东西。它是可以被我们的意志操控的。

下一章我们将专门介绍熟练区分情绪强弱的方法。

本章小结

1. 情绪可以为了某种目的、在某种情景下、对特定的对象使用。

2. 情绪可以因为时间、场景和目的的不同有相反的意义。

3. 阿德勒将情绪看作维持人与人之间距离的关键。

4. 情绪（特别是激情）可以通过我们的努力加以调节。

5. 情绪不是可以随便释放、压抑的东西，它是人生的伴侣。

第二章

借助愤怒认识真正的心情

你为什么要愤怒?

“看他那样子，真的让人很生气!”

“被那家伙那么说，气不打一处来!”

愤怒应该是我们日常生活中最频繁出现的负性情绪之一吧。其中，本来是不想生气的，但说着说着就不知不觉地大声起来，随之陷入情绪旋涡。一个人有时候就是这样生起气来的。像这样容易生气的人应该不少见吧。

阿德勒心理学并不认为愤怒像火山爆发时喷发出的能量一样无法抑制。就像第一章阐述的那样，一个人愤怒的时候必定存在对象。他是想通过对对方的愤怒，来实现某个目的。那么，愤怒到底是为了实现什么目的呢？人们的愤怒主要有以下四种目的：

1. **想支配对方；**
2. **想争取主导权，占领优势地位；**
3. **维护自己的权利；**
4. **弘扬正义。**

接下来，我们一个一个地详细解说它们的具体内容。

怒气冲冲背后的四种目的

1．支配对方

支配对方，顾名思义，就是想让对方按照自己的意愿思想、行动。父母为孩子不听话而生气，是最典型、最好理解的例子。对父母来说，自己的孩子应该是最容易支配的对象。相反，容易对孩子生气的人，如果也为了同样的目的，经常在工作场合对自己的上司表达愤怒，这就有点不可思议了。因为，愤怒的情绪一般是用在比自己地位低的人身上的。

2．争取主导权，占领优势地位

这是支配对方目的的变形。具有代表性的例子是夫妻吵架。比如说，夫妻在讨论要让孩子学习些什么的时候，开始还能心平气和地商量，然后慢慢地两个人开始对立起来，最后就发展为争吵。

“你一直只让他参加体育活动，接下来是不是要让他学习点英语了?”

“孩子这么容易生病，把身体锻炼强壮才是他当前最优先的事情啊!”

人们用争吵的方式相互对抗的时候，为了把握主导权，就要用到愤怒情绪。在主导权争夺的过程中，胜利者诞生的同时也必定诞生失败者，而失败者将品尝到强烈的挫折感。

3. 维护自己的权利

这种情况，可以看看下面的例子。

有一天，邻居B带着点心来到A家打招呼，说因为要重新装修房子，打算重新垒砌自家的围墙。同时由于砌墙的费用是由B负担，对于砌墙过程中发出的噪音，A很快就接受了。但是在砌墙的过程中，A看到对方不是将原来围墙的中心线作为两家的界限，而是明显地侵占了自家的地盘。为此，A匆忙地、愤怒地冲到B家，对B吼道:“没听说过有这种做法的!”“马上给我停工，立即恢复原样!”

在这个例子中，A表现愤怒情绪是为了“守护自己的土地”。如果A不表现出这种旨在维护权利的愤怒，他家的领地就会被更多地侵占。所以，绝不要一概否认有目的的愤怒的价值。

4．弘扬正义

这种愤怒产生于“我绝对正确”的强烈信念。比如，C看见有人在车站前的禁止吸烟区吸烟，顿时怒发冲冠。那是因为C具有建立在强烈正义感基础上的“必须让不遵守规矩的吸烟者彻底改变态度”的信念。建立在强烈正义感基础上的愤怒固然可以让社会变得更好，但是需要注意自己的信念是否可能是自以为是、正义的表达方式是否合适。

为了更好地觉察自己愤怒的对象与目的，我特别推荐大家填写下面的愤怒情绪自检工作表。我建议大家一定要亲身体验这个练习，它能让你更加明确地把握自己的愤怒是针对哪个对象、为了什么目的。这样你就可以更加有效地控制自己的情绪。

表2-1　愤怒情绪自检工作表

面对麻烦情绪（特别是愤怒）的时候，写下你对情绪体验的接受、选择、实现情况，就可以呈现你需要关注的要点，从而找到正确的应对方法。
（1）你体验这个情绪的过程（接受的步骤）

续表

(2) 你选择这个情绪的目的与意义（选择的步骤） (3) 你实现自身目的的过程（实现的步骤）	
这个格式也适用于愤怒以外的情绪。 请在参考“附录1”内容的基础上，分别记录以下内容。	
接受的步骤	状况： 思考： 情绪： 这时候的行动：
选择的步骤	情绪的目的： 情绪的意义：
实现的步骤	新的目的： 新的思考： 新的行动： 新的情绪：

聚焦愤怒的后果

在知晓愤怒目的的基础上，我们再探讨愤怒究竟会给我们带来什么样的结果。概括地说，人们通过表达愤怒可以获得以下三个结果：

1. **证明自己的优势地位；**

2. **让对手屈服；**

3. **获得成就感**。

我们来看一个上司斥责部下的例子。在拓展新销售渠道的会议上，关于如何进一步提升销售业绩，大家各抒己见。但是上司发现，部下提出的尽是花钱打广告之类不现实的想法。最初，上司只是尴尬地笑着说："这些应该不可行吧。"心平气和地否决了这些方案。随着讨论的推进，上司逐渐焦躁起来，最终怒不可遏地说道："从一开始我就说了，这样的方案不可行！你们应该从提高销售沟通成效、重新整合运行区域等角度，考虑一些更加现实的方案！"

这是很常见的场景，上司通过表达愤怒情绪来证明自己的优势地位。在他的愤怒情绪中，暗藏着"我的责任就是纠正你们的错误""你们必须服从我这位上司的意志"等主张。在前面提到的为了孩子要学习什么而吵架的夫妇的例子中，他们表达愤怒情绪的意图也是为了让对方屈服，让对方服从自己的意志和要求。还有，参加政治集会的人愤怒地高喊着口号，好像自己多了不起似的，他们通过愤怒情绪的表达可以体验到一种成就感和满足感。

在不同的情景下，表达愤怒可以有三种不同的收获，但无论是哪一种，都是为了让自己获得某种利益，这是所有愤怒的共同点。

愤怒绝不是不好的情绪

依据愤怒强度的不同，可以将愤怒分为气恼、恼火等轻度的愤怒，和盛怒、暴怒等程度较重的愤怒。与身体紧密关联是愤怒的另一个重要特征。我们常说“噘着嘴不高兴”“愤愤不平”“气不打一处来”“七窍冒烟”等都是愤怒的说法。这些表达非常实在地表明，正因为愤怒是与身体紧密关联的情绪，经常遭遇它、体验它就成为很自然的事情。

平时，我们主要通过发泄愤怒，以保持心理平衡。并且，为了弘扬正义而表达的愤怒不仅不会直接伤害别人，还可以让世界向更好的方向改变。因此，“愤怒情绪 = 不好”这个方程式并不成立。

愤怒解决不了问题

但是，如果你期待通过愤怒来改变对方，这个目标是很难实现的。想通过愤怒强制性地改变对方，一般的结局是越是强迫对方改变，对方就越顽固。

在人世间，习惯于愤怒的人和不习惯于愤怒的人都存在。习惯于愤怒的人，一般是从孩提时代就开始“练习”使用愤怒的人。比如，在小孩闹着要买甜点和玩具的时候，如果父母对孩子的要求全盘满足，孩子就会将这个体验当成成功的经验，即只要闹一下，想要的东西就可以到手。这样，时间一长，孩子就形成了在日常生活中经常愤怒的习惯。

▶**反感不听取自己意见的上司**。

▶**超市收银员动作慢了点，就对他发怒**。

▶**列车迟到了，就对乘务员恶语相向**。

▶**对不听话的孩子怒吼**。

就像上面这些例子一样，已经形成愤怒习惯的人，总是通过表达愤怒来解决问题。但是，使用愤怒并不能让所有的事情都变得顺利，这点正处在愤怒状态的人自身应该觉察不到。上司可能很忙、超市的收银台可能突然间零钱不够、列车迟到本来就不是乘务员的原因等，向对方发怒并非都能立即解决问题。此外，对着孩子怒吼，可能只会让他更加哭闹。

现在，我可以再问大家一遍：从现在开始，你是想继续使用已经习惯的愤怒生活下去，还是学会熟练地控制自己的愤怒情绪，更加平和地生活下去呢？

当然，你可以选择这两条道路中的任何一条。但是，如果选择后者，你就必须重新学习情绪的使用方法，这个学习是可以随时随地开始的。

提取隐藏在二次情绪背后的一次情绪

其实，愤怒情绪的背后有时候隐藏着别的情绪。我们举个例子来说明一下吧。在一个电器机械厂营业部，上司正在斥责一位月销售额未达标的部下：

“这是什么成绩啊！真没出息！”

“你看着这样的数字真的没感觉吗？”

“你自己说说看吧！”

在公司，经常可以看到上司斥责部下的情景。这个时候，很多人心里或许只是在想：“那位部长又生气了啊……”事实上，我还希望大家知道，大部分对部下发怒的上司，对部下抱有“失望”的一次情绪。他们本来心中抱有“这个部下应该可以做得更好”的期待，而这个期待却被一次次地辜负了，他们感到很失望。“失望”的一次情绪最终通过“愤怒”的二次情绪朝部下发泄而出。

这种情景在家庭中也很常见。丈夫在体检之后被诊断为糖尿病。妻子因为担心丈夫的健康开始学习饮食治疗法，希望能够做出更能平衡营养的饭菜。但是，丈夫也不知道抽的是什么风，一如既往地在外面胡吃海喝，饭后还喜欢喝一杯加了大量砂糖的咖啡，更不听从医生要开始锻炼身体的忠告。大概是因为实在忍无可忍了，妻子向丈夫大发脾气：

“你在做什么啦！完全没有要把病治好的意思，不是吗？”

“你有没有想过我为什么这么努力地做好饭菜?”

此时，妻子的愤怒情绪背后是她对丈夫身体健康的担心。这个担心就是一次情绪。可见，妻子首先有担心这种一次情绪。而丈夫的不当行为加剧了这种情绪，直到妻子无法忍受，最后才不得不对丈夫使用愤怒的二次情绪来试图实现自己的目标。

在上述两个例子中，不论是表达愤怒的一方还是被发泄愤怒的一方，都没有注意到愤怒背后的一次情绪。被发泄愤怒的一方，往往心中只是留下了“别人对我发火了”的难受感觉，感觉到自己的人格尊严被践踏了，接着就逐渐丧失了寻找有效的方法来解决问题的意愿。

有时候，你越生气，对方为了对抗你就会变得更加固执。最终的结局是愤怒的原因逐渐被隐藏起来。

用第一人称表述一次情绪信息

控制自己愤怒情绪的有效方法之一，是“用第一人称表述一次情绪信息”。即首先找到愤怒背后的一次情绪是什么，然后站在自己的角度用“第一人称”表述这个一次情绪信息。有许多人在对他人发泄愤怒情绪的时候，倾向于使用“你小子，为什么只能想出这种烂办法?”“你总是让我白费功夫!”等以对方为主语的表达。这是最不应该做的事情。这种做法被称为“第二人称表述”。

所谓“第二人称表述”，是对对方持有评判、批评的态度，基于主观臆断对对方的态度、行动下结论、贴标签。相反地，将“你”这个第二人称改成“我”这个第一人称来表达自己的意见，就是“第一人称表述”。“我觉得换一种做法会比较好。”“我觉得，如果是我就会这么做吧?”这样的“第一人称表述”就不会让双方有被评判、被批评的感觉，充其量只是对当前的问题表达自己的意见。这种方法特别适合用于表达接纳、共情的态度，而基于接纳、共情的沟通正是阿德勒心理学者努力的目标。

从这个观点出发，我们重新审视一下前面说过的担心糖尿病丈夫的妻子的例子。如果妻子用“第二人称表述”表达对丈夫的担心:“老公，你到底在做什么啊?!你完全就没有要把病治好的意思，不是吗?”这样就变成了向丈夫表达愤怒。那么，如果改成用“第一人称表述”传递一次情绪，会是什么样呢？“我是担心你的身体状况，才希望你能够改变自己的饮食习惯。”怎么样？不觉得这样就变成十分柔软、温柔的说法了吗？着眼于传递“担心”这个一次情绪，让对方明白自己在为了对方努力，传达了想与对方一起努力的想法。这就是阿德勒所说的，在共情基础上的应对。

即使你曾经不经意地将愤怒情绪发泄在对方身上，也可以重新改用“第一人称表述”来改变信息传递的效果。比如，在开会现场对部下发泄愤怒后，上司可以在午餐时候叫来部下继续沟通：“刚才对你使用了比较严厉的口气，那是因为我对你抱有期待，希望我们能一起思考出更好的方案。”这样就可以软化部下心中“自己被否定了”的情绪感受，找回原来良好的关系。

缩放自己的愤怒

虽然前面说过，如果对他人有过多的愤怒，就可能伤害对方，让对方对你产生怨恨情绪；如果向他人发泄“责备他人”的愤怒，就很可能让你与对方的关系恶化。

另一方面，愤怒的情绪也可以朝向自己。不管是在工作中还是生活中，“搞不懂自己为什么总是做出让自己难以理解的事情，让自己心烦意乱”。你是否有过这种感觉呢？当愤怒情绪被用来“自我责备”的时候，就存在引发“抑郁”的风险。如果这样，就会给我们的心理增加相当大的负担，我们必须注意避免它。

如果难以避免愤怒情绪，我们还可以考虑适当调节愤怒的朝向。

我们在第一章讨论过，将自责和他责的比例调整到五五等分的状态是最理想的。一旦对别人过度愤怒，对自己就会缺少自我反省，所以这个时候应该有意识地适当增加自责的比例，修正自己的态度。相反地，一味地对自己愤怒，自己的能量就会减少，这时候就应该增加他责的比例，保证自己的心理健康。

为了更好地保持自责和他责之间的平衡，下面我给大家介绍一个测量自己愤怒水平的方法。通过这个方法，你可以对自己在某件事中是出于什么原因责备对方或责备自己进行自我分析。这个工作可以在头脑中完成，但是更加推荐每天都在日记本中进行记录。具体地说，就是以表2-

2为工具，每天对自己的愤怒进行客观化、数值化的分析。这张表的结果可以告诉我们自责与他责的比例。如果发觉自己明显对他人存在过度指责，你就要增加对自我的反省；相反地，如果发觉你在过度地指责自己，将愤怒的矛头指向他人多一点就好了。

表2-2 自责与他责的平衡表

愤怒的事情	
头脑中出现了哪些想法	
一次情绪是什么	
自责与他责的比例	自责___% 他责___%
今后遇到类似情况时可以怎么做	
领悟到什么	

用提醒对方“注意”来代替愤怒

调控愤怒的核心是“调控沟通”，以调控语言中呈现出来的想法为主。一个人一旦怀有愤怒情绪，心中的焦躁感就会逐步增加、直到爆发，最终很可能发展为臭骂对方。如果在愤怒的起点，在刚刚感觉到不舒服的阶段就对对方提出“关于××，我觉得存在××问题，能不能做些改善?”等，就可以在向对方充分表达自己的想法的基础上，与对方一起努力解决问题。另外，在向对方传递信息的时候，要注意不要损害自己与对方之间的信赖关系，这是沟通的关键所在。

有人认为，愤怒与斥责不同。相对于原本只是情绪表达的愤怒，斥责还存在引导对方朝着自己期待的方向行动的目的。而且，斥责容易变成情绪化的应对方式。在被大声斥责之后，被斥责的人，心中留下的往往只是自己被否定的感觉，对于自己被斥责的理由反而糊里糊涂。因此，相比斥责，我更推荐大家用提醒对方“注意”的方法。提醒对方注意，是向对方传递“在这个地方要注意噢”，是没有情绪化的柔和的应对方式。

提醒对方注意需要留意以下三个方面：

1. 让对方改掉不好的习惯、行为等；

2. 促进对方的成长；

3. 让对方鼓起干劲。

在留意这些事项的基础上向对方传递自己的期待，可以增强与对方之间的信赖关系。在表达愤怒情绪的时候，清晰地让对方明白自己想告诉他的是什么是非常重要的。如果能做到这一点，你的沟通就不会只是单纯的发泄愤怒情绪，也不会给对方被斥责的感觉，而是柔和地提醒对方注意。

有效传递期待、提醒注意的两种方法

此外，使用下面两种方法可以更好地将你的期待传递给对方，并有效提醒对方注意。

1. 提醒他注意现状

用“画重点”的方式提醒对方注意。即将现实互动引发的问题部分特别凸显出来，以提醒对方注意。

“你正在做的事情和我教给你的不一样噢。”

“你正在做不像你该做的事情噢。”

“只要你稍微停下来看看，就可以发现问题。”

就像这样，将问题很具体地告诉对方，提醒对方注意。

2. 提醒他打破现状

在肯定对方现状的基础上，向对方传递对他未来的期待。具体地，可以像下面这样子告诉对方：

“我不想让你陶醉在现在这个水准上。”

“我很期待你能去挑战更高的目标。”

在给予以上提醒时，原则上要选择一对一单独见面的场合。但如果能满足以下条件，在团队中给予提醒可能效果更好。

▶**给予提醒能对团队全体起到很好的教育作用。**

▶**能让被提醒注意的对象更加坚强。**

▶**被提醒注意的对象确实具有良好的心理素质。**

▶**具有合适的后续措施。**

听说过去，指挥读卖巨人军团[1]的川上哲治教练有时候会斥责长嶋茂雄选手，但是不怎么去斥责王贞治选手。这是因为，长嶋选手在被斥责后不会有什么不好的结果发生。事实上，长嶋选手在被斥责后依然能平心静气，川上教练斥责长嶋选手主要是做给团队其他成员看的，目的是为了提升整个团队的紧迫感。另外，从这个例子还可以知道，在给予提醒的一方与被提醒的另一方之间，如果没有高度的信赖，在团队中给予提醒就很难获得预期的效果。请大家特别不要忘了这一点。

软化自己的信念

调控愤怒，也可以从调整思维入手。一个人感到愤怒的时候，心中经常拥有“必须做××”“××不做不行”等信念。比如说，当大家在银行的自动取款机前井然有序地排队时，突然有人要插队，这时的你可能会瞬间涌现出愤怒情绪。这是因为，在你心中存在“排队就必须井然有序地一个接一个地排，不允许插队”等信念。对于这种情

[1] 读卖巨人军团是日本著名的棒球队。——译者注

况，可以通过树立“未必要××”“不一定是××”等观念来缓和愤怒情绪，更好地控制情绪。

“未必都要井然有序地一个接着一个地排队。”

“世间也可以存在公然插队的人。”

“今天只是偶然遇见了公然插队的人。”

经过这样的思考，你就可以更好地接受现实状况。

还有，信念与义务之间存在密切联系。怀有“必须做××”“××不做不行”等强烈信念的人，一方面会有自己需要百分之百做到这一点的义务感，另一方面又有“凭什么只有自己不得不这样做”的愤怒情绪。如果是这种情况，让自己从义务感中部分解放出来是至关重要的。比如说，被上司安排加班的时候，在义务感引导下，你可能不自觉地就同意了。其实，如果你对被安排加班怀有愤怒的情绪，也可以对上司说“不”，对他说“对不起，今天实在不是很方便”“如果是明天上午的话，我可以帮这个忙”。我觉得应该不会出现因一两次拒绝加班而使自己的处境变得非常不好的情况吧？此外，在内心的某个角落，因为有“希望被人喜欢”“不想被人讨厌”等期待与想法，我们容易给自己背上过多的义务与责任。

因此，有时候你也应该拥有说“不”的勇气。

在“建设性—非建设性”判断轴上思考

有时候，我们因为愤怒而怎么都不能原谅对方，甚至想诉之法律。大家有过这种想法吗？不瞒大家，我是有过的。

有些人认为自己的名誉受到了损害，向律师咨询，得到的建议也常常是“这种情况，有十足的理由可以控告对方”。

我曾向在中国出生的气功老师咨询过这种情况。老师不慌不忙地在白板上写下“怒而不争”这几个字，意思是“虽然愤怒，但是不宜争辩”。学习并实践阿德勒心理学的我，是这样解释这句话的：虽然愤怒的出现是没有办法控制的，但是否让愤怒发展到“怀揣愤怒，与对方争辩”的境地，是可以自己决定的。所以，我们必须做到一边感受着自己的愤怒，一边又做出不与对方争辩的选择。

这个思想来自中国，与阿德勒心理学似乎没什么关系。但事实上，类似的、突出呈现阿德勒心理学本质的观点还有很多。例如："只要一个人还在与人争斗，他的愤怒也必然不会停止"；相反地，"一旦选择不与人争斗，愤怒就会变得可以控制"。要选择哪一种，是由自己决定的。

据说，很多任由自己发泄愤怒情绪而诉诸法律的人，一边明确决定"不能原谅对方"，一边又在努力避免让自己陷入法律审判的最糟糕的泥潭。确实，将对方告上法庭，只要花费足够的时间和金钱就可以证明自己是正确的。但是，这种胜利只是争夺主导权的胜利，绝不是建设性的应对方法。而且，这也说明你已经选择走上负面使用愤怒情绪的道路。

将愤怒情绪发展为争斗的情况不在少数。这个时候，一个人是在用"哪一方是正确的，哪一方是不正确的"的"正确—不正确"的判断轴思考问题。如果一个人持有"正确—不正确"的判断习惯，他会很容易陷入到"必须××"的思维中，也必然会持续感受着愤怒情绪。

阿德勒心理学并不采用“正确—不正确”的判断轴，它主张用“建设性—非建设性”的判断轴来看待事物。“建设性—非建设性”的判断轴从更加宽广的视角来思考自己与他人，或职场与家庭，从“共同体”的角度判断某个情绪的作用对于“共同体”而言是建设性的还是非建设性的。养成用“建设性—非建设性”的判断轴看待事物的习惯非常重要。只要坚持锻炼这种习惯，你控制愤怒的力量必定会越来越强大。

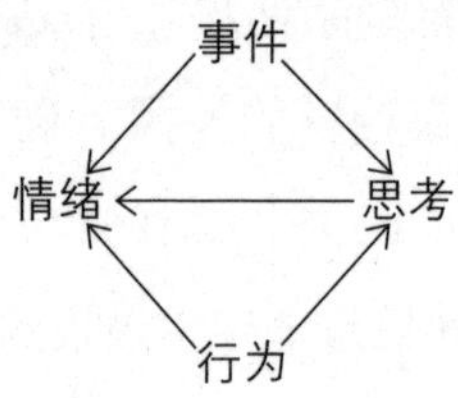

图2-1 “建设性—非建设性”的思考方式

“不原谅”转化为“怨恨”

“怨恨”是一种与愤怒有关的情绪。所谓的不原谅，不仅仅包含瞬间的愤怒情绪，还包含一种持续的怨恨情绪。怨恨是弱者对强者的，以复仇为目的而表现出来的一种情绪状态。简单地说就是，弱者对强者持续持有的“我要报仇”的心理状态。

一般来说，在亲子之间，孩子单方面地怨恨父母的情况非常常见。我作为心理咨询师，接触过不少对父母使用家庭暴力的孩子。在这些孩子的内心深处，深埋着怨恨的情绪。比如说，有些受到父亲频繁虐待的孩子，在成人后成为对父母使用暴力的人；一名女性是家中的长女，因为小时候时常感受到父母更偏爱弟弟，她直到30岁还在不断地用粗暴的语言攻击自己的父母。结合这些事例，我们可以对怨恨的特点做以下小结：

▶**属于愤怒情绪的范畴；**

▶**是一种弱者对强者的情绪；**

▶**基于未能满足的欲望；**

▶**无论怎么补偿都不能满足。**

由于怨恨情绪是在愤怒情绪的基础上产生的，它属于愤怒情绪的范畴。和瞬间发生的愤怒不同，怨恨会长年累月地持续。怀有怨恨的人，常常拥有“自己是正确的”“自己的权利正被损害”“自己正在被伤害”等感觉。

“因为自己正在承受这样的伤害，所以理所当然地拥有伤害对方的权利。”

“为了维持这种权利，又必须坚持宣称自己受到过对方的伤害。”

这样，一个人只要怀有怨恨，就可以站在比对方更加有利的心理位置上；况且，一旦怀有怨恨情绪，就很难简单地把它放下。

怨恨持续的三个条件

在人际互动中，可以举出以下三个容易引发怨恨的条件：

1. **强者一方不够细腻；**
2. **强者一方持续作出缺少边界感的道歉；**
3. **能够协调双方的第三方缺席。**

容易引起别人怨恨的人是关系中的强者一方，他们在人际交往中往往缺少细腻的感受与互动，不太善于照顾对方的心情，会在不经意间让对方感觉受到伤害，从而招来对方的怨恨。其次，一味地赔不是的人也容易助长被人怨恨的可能性。怀恨在心的人，即使接受了道歉，也不会轻易地消除怨恨。自然，想通过道歉来消除他人的怨恨是不可行的，这只会让怨恨更加长久地留在他的心中。

在曾经的日本社会，即使在人际关系中出现了怨恨情绪，也存在通过第三方的介入消除怨恨的渠道。比如说，亲子冲突发生的时候，作为第三方的叔叔等亲戚就会介入，对双方都劝一劝以化解怨恨。在那个时代，经常能见到这样的场景。

但现在，家庭内部发生矛盾的时候，亲属、亲友等介入的难度越来越大。调解人缺席，怨恨发展成为暴力冲突的情况越来越多。

另外，在父子之间发生冲突时，母亲本来是调解父子冲突的最好人选，但是有时候也可以见到母亲单方面地指责一方，或者给一方煽风点火的情景。

如果这种状况不幸地持续下去，怨恨情绪就会渐渐膨胀，最终变得无法控制。

撞上难以消除的怨恨

怨恨情绪可怕的地方在于，对它进行任何补偿都不会有效果，它依然能我行我素地持续着。而且，自己主动选择过这种危险人生的情况也非常多见。

我作为咨询师，到目前为止遇见的因为怨恨而痛苦的家庭有不少，其中令我印象深刻的是被妻子强迫与自己父母断绝来往的丈夫的案例。

丈夫是医师，与身为护士的妻子一起经营一家诊所。怎么看都应该是琴瑟和鸣的两人，却存在着深刻的矛盾。具体地说，由于丈夫是在医师家庭中长大的，所以父母希望他能和一位女性医师结婚。总之，在丈夫的家族，妻子的价值是用职业生涯的标准来衡量的。结婚前，夫妇俩曾一起回过丈夫的老家。在这期间，妻子明显地感受到自己被丈夫父母嫌弃。“噢，只是一位护士啊！”妻子被公婆的这句话深深地伤到了。妻子虽然没有放弃结婚，但在孩子出生时，向丈夫提出这样的要求：“向你父母报告结婚喜讯的时候发生的事情，你还记得吗？那个时候我被你父母用‘噢，只是一位护士啊’的话语鄙视过”“这个委屈，我是一辈子也不会忘记的”“孩子出生以后，我绝对不会让你父母看到我们的孩子的”。就这样，妻子强迫丈夫和原生家庭断绝关系。虽然丈夫很困惑，但还是为了妻子与原生家庭断绝了来往。从那以后将近十年，丈夫的双亲就再也没有见过孙子了。

在这个个案中，即使丈夫为了妻子与自己的父母断绝了来往，妻子的怨恨也没有因此而消除。可见，无论怎么向对方发泄自己的怨恨，自己都不可能从怨恨中解放出来。怀揣怨恨的人，在生活中，会有更多让自己痛苦的事情。

宣布与怨恨告别

当一个人拥有怨恨情绪时，会想着只要报仇雪恨，自己就能从怨恨中脱身。

在极端的情况下，有人想通过“丑时参拜”[1]等方法进行复仇。但是，使用这种非现实的方法不但难以消除怨恨，反而可能带给自己更多的苦恼。

[1]“丑时参拜”是日本民间的一种类似于诅咒的行为。——译者注

那么，如果我们不幸怀有怨恨情绪，需要怎么应对才合适呢？这时候最重要的是，从建设性的角度思考并给予“宽恕”。不过，能够化解怨恨的“宽恕”并非只是告诉自己“原谅他了”那么简单。在原谅对方之前，首先需要原谅怨恨中的自己，通过“自己怨恨对方也是没有办法的事情”“让我怨恨的过去已经无法改变了”等自我对话，帮助自己接受现状。在这基础上，再对事情的未来发展进行预测，思考“如果这样继续怨恨下去，会有什么样的结局?”“继续怨恨下去，会有什么收获？自己会变得更加幸福吗?”等问题，对自己的未来进行建设性的预测。如果怨恨不能让自己变得更加幸福（大部分情况是不会变得更加幸福的），就必须决定不要再往怨恨中倾注精力了。这样，你就可以宣布与怨恨告别，往可以让自己幸福的行动中倾注更多的力量。

如果你将投注在怨恨中的力量，转移到别的对象上，就能完全远离怨恨，让自己的人生更加顺利。因为你将成为“相对的强者”。

成功的人，一般不会像总是觉得自己怀才不遇的人那样怀有怨恨。也就是说，一旦放弃“自己是弱者”的观念，怨恨自然就会往消解的方向发展。

气呼呼的、正在烦恼中的你，可能还没有意识到吧！你可能已经选择了“自己是一位弱者”的观念，但其实，你也可以选择“自己不是弱者”的观念。请你不要忘了，是选择将愤怒转化成怨恨的人生，还是选择停止愤怒、给予宽恕、更加接纳自己的人生，这些选择的权利都握在你自己的手里。

本章小结

1. 愤怒具有“支配别人”“争取主导权，占领优势地位”“维护自己的权利”“弘扬正义”四种目的。

2. 愤怒是一种二次情绪，它的背后必定存在某种一次情绪。

3. 感到愤怒的时候，请使用第一人称表述一次情绪信息。

4. 从“正确—不正确”判断轴转变为“建设性—非建设性”判断轴。

5. 想象一下，如果愤怒转变成怨恨，会给自己带来什么结果。

第三章

焦虑教会我们的人生课题

说不清道不明焦虑的真身

“在行业衰退的浪潮中，就这样继续在这行干下去，真的没问题吗？”

“结不了婚，一想到孑然一身的将来，心情就有点沉重。”

“对老后的生活有点忐忑不安的感觉。”

像这样，在各种各样的场合，我们都可能感受到焦虑。这些焦虑的感觉是怎么产生的？要怎么控制它才好呢？这些都是本章想解读的内容。

首先，我们来看看焦虑情绪具有哪些特征。

1. 是在未来时间轴上的情绪；

2. 对象不清晰，还没有有效的解决办法；

3. 具有必须采取措施加以应对的紧迫感。

综合以上特征，可以给焦虑情绪做以下定义：存在不得不面对的未来（特别是比较近的未来）课题，但因为课题的内容不够明确，所以一边觉得不面对不行，另一边又感觉到暂时没有好的解决方法。这种状态下的情绪被称为焦虑。

比如，已经在职场工作的年轻职员们，在每年新招募的应届毕业生入职以后，可能就会担心："如果来了位比自己更加能干的家伙，该怎么办！"随即，焦虑的感觉顿时涌上心头。但是，认真想想又会觉得："新人能不能干，没有实际在一起干活的话是不知道的。"

此外，无论是否有新人入职，如果你在三四十岁之前不能从公司获得自己所期待的评价，就可能会担心"这样下去，自己会不会失业"，心中袭来莫名的不安。

在上述这些例子里，当事人感觉到即使自己尽了所能也解决不了多少现实问题，自然就不知所措地陷入"不知道该做什么好"的内心泥潭。结果，一边觉得哪一个问题都必须采取措施应对，一边又苦于没有具体措施而难以着手行动。在这种情境下，焦虑情绪就出现了。

焦虑与恐惧的区别

恐惧是与焦虑相似的情绪，两者的不同用时间轴就可以加以区别。就像前面说过的，焦虑属于未来或者比较近的未来时间轴上的情绪，而恐惧是由现在正面对的事件引发的，属于现在时间轴上的情绪。从这个角度，我们可以对恐惧做如下定义：恐惧是当一个人濒临危机，而且这个危机的来源比较清晰，需要采取紧急措施应对时产生的情绪体验。

表3-1　焦虑与恐惧的区别

情绪	焦虑	恐惧
时间轴	未来（近期）	现在
原因	主要是内在原因	主要是外在原因
对象与应对	对象不明确，难以充分应对	对象明确，正在进行相应的应对

我们再用一个十分简单的例子来说明一下焦虑与恐惧的不同吧。一位男生与喜欢看恐怖电影的女朋友约会。按照女朋友的心愿，两人要去主题公园的鬼屋玩。但是，他从孩提时代开始就非常害怕鬼，所以一直都尽可能避免去鬼屋玩。“虽然决定与女朋友去鬼屋约会，但不知道自己能不能做好‘护花使者’坚持到最后啊。”在这期间，他老想着还没面对的鬼屋以及还没出现的恐怖情绪，焦虑不安占据着他的内心，直到约会的日子来临。那天，他强装

平静、哆哆嗦嗦地走进了鬼屋，在伸手不见五指的黑暗中，突然出现了一个通过特殊化装扮成的僵尸面孔。“啊!”他吓了一大跳，大声地尖叫了出来，并下意识地紧紧抱住了她。

在这个例子中，只有在直接面对僵尸面孔的那一瞬间，他感受到的是恐惧，而在这之前他体验到的都是焦虑。恐惧是对当前正在面对的事物的情绪反应，属于现在时间轴的情绪。

焦虑与恐惧虽然是两个完全不同的情绪，但它们都有下列两个目的：

1. **守护自身安全；**
2. **驱使自己去采取行动**。

它们都是“为了自己的安全，必须做点什么”的心理状态。当感受到焦虑与恐惧情绪的时候，希望你能清晰地意识到这些情绪背后包含的根本目的。

通过明确对象改变焦虑情绪的性质

一个人内心怀有焦虑情绪的时候，一定存在一个对象。对象可以分为别人和自己两类。我把将别人作为对象的焦虑称为“依赖性焦虑”，将自己作为对象的焦虑称为“现实性焦虑”。

依赖性焦虑是为了倾诉不安情绪而依赖某个人的焦虑情绪。例如，晚上，年幼的孩子恳求“爸爸，洗手间很可怕，能不能陪我上个厕所”时表达的焦虑就是依赖性焦虑。

相比依赖性焦虑，现实性焦虑是为了更好地生活下去、在面对不确定的未来时所感到的不安情绪。比如说，有孩子的夫妇在孩子幼小的时候会担心，自己能不能提供给孩子良好的教育、能不能将他们培养成有出息的人。这个时候，他们所体验到的就是现实性焦虑。一边怀有理想和期待，一边又不确定它是不是真的能实现，同时不知道能采取什么解决办法，感到茫然。这个时候，一个人所感受到的就是现实性焦虑。

一般来说，人更容易感受到来自自身的不安，即现实性焦虑。现实性焦虑也是对不确定的未来所感到的不安。人可以通过自己的选择来消除它，让它成为幸福生活的动力与资源。

表3-2　依赖性焦虑与现实性焦虑的区别

依赖性焦虑	只是想向谁倾诉不安的情绪 例：孩子不愿意离开父母的焦虑等 对象：是想依赖别人的焦虑
现实性焦虑	对自己的将来等怀有的不安情绪 例：对梦想能不能实现感到迷茫等 对象：是对自己的焦虑

担心与焦虑的不同在于支配性

与焦虑相似的情绪除了恐惧还有担心。相比于焦虑，担心更多是指向别人的情绪。“那家伙，也不向我汇报工作情况，应该没问题吧？”上司有时候会担心部下的工作。这样的担心有一个特征，就是容易出现在控制欲强的人身上。

假设有一位A，他总是害怕一个人独自行动，如果没有谁陪着他就觉得心里空落落的。已经计划好暑期要去旅行的A，给同事兼好友B打电话：“我暑期想去美国玩，但是我一个人去很害怕，你要不要和我一起去？”然后两人就一起去旅游公司办理手续，在那里，两人遇上同事C和她的高中生儿子。C看到他俩的时候就说:"这次,我儿子要独自一人去美国寄宿旅行,真担心他一个人行不行!我恨不得也跟他一起去,但是他死活坚持一个人去,怎么说也不听劝。"

这个时候,A与C所体验到的不安是不同的。A正在表达的是对B的依赖性焦虑,是为了更加靠近B而向他表达焦虑情绪。与此相对的,C是在担心儿子,是为了表达"我正担心着你!""我要保护你!""你要听我的!"等,是在明确自己的角色。C企图持续保持对将要独立的儿子的影响力。像C这样,高高在上地担心着别人,其中往往包含着要支配对方的目的。

焦急是介于焦虑与恐惧之间的情绪

焦急也是一种和焦虑密切相关的情绪。我们前面已经阐述过,焦虑属于未来或者比较近的未来时间轴上的情绪,恐惧属于现在时间轴上的情绪,而焦急的位置介于焦虑与恐惧之间。

如果有一件近期不得不完成的事情,结果事到临头却还没有做好充分的准备，你的心里就会发出“要尽快做好充分准备噢”的警告，这就是焦急的本质。

你被朋友拜托，在他的订婚仪式的宴会上致辞。一般情况下，朋友会在举办仪式前两三个月和你说好。因为距离宴会的时间还有好久，在这期间你就会想：“到底要说点什么比较好呢?”你感受到了焦虑情绪。到了举行仪式的前几日，你的焦虑就会转变成焦急。焦急转变为行动，于是演讲的主题慢慢地清晰起来，演讲的内容、段落等也可以确定下来了。在订婚仪式完成以后，宴会就要开始了。这个时候，你的情绪就从焦急向恐惧转变。频繁地上洗手间、握着玻璃杯的手在颤抖，这些不为别的，就是因为你感觉到了恐惧。像这样，随着时间的推移，从焦虑到焦急再到恐惧，你经历了一系列的情绪变化。不过，并非所有焦虑的问题都要用恐惧情绪来解决。焦虑转变成恐惧时，只是问题的范围缩小了而已。

当担心变成愤怒

如果担心的目的是为了支配别人，这种担心有时候也会转化成攻击性情绪。

以极端“恐飞症（害怕乘飞机）”的女性为例说明一下吧。有位女性的丈夫因为工作的原因，出差的机会很多。每次出差前，妻子都会劝说：“千万不要乘飞机啊。”一直以来，丈夫因为考虑妻子的“恐飞”焦虑而尽量避免乘飞机出差，即使是去离东京很远的九州出差也选择与妻子一起乘高铁。丈夫一直希望，能通过海外派遣的工作经历来进一步拓展自己的工作范围。但是，因为妻子的强烈反对，他一直没敢向公司提出这个要求。妻子经常对丈夫说：“飞机这种东西，很危险的。我很担心你哦！”实际上，她在不经意间向丈夫传递了自己的感觉和想法，并试图实现控制丈夫行为的目的。这就是担心的麻烦之处。

说到“担心”，人们往往认为它是对对方的一种“善意的情绪表达”，但是有时它的本质是为了支配对方。因此，当担心对方不听自己话的时候，担心的情绪就可能转变成愤怒情绪，开始攻击对方。

在前面的例子中，如果丈夫真对妻子说要到海外工作，妻子的愤怒爆发恐怕就难以避免。“我那样地担心你，你为什么老是不听我说的呢?!”“坐飞机，万一出现意外，那该怎么办?”像这样，将担心转化为愤怒的情况并不少见，需要高度注意担心情绪的不良影响和危险性。

焦虑让我们为了未来而行动

现在，说明一下如何建设性地使用焦虑情绪。

事实上，焦虑是一种非常人性化的情绪。与人类相比，动物就不具备这种担忧未来的情绪。前面说过，焦虑的目的是“守护自身安全”“驱使自己去采取行动”。可见，要想拥有更加美好的生活，焦虑情绪必不可少。

在相当长的一段时期里，我们家都只投了火灾保险，没有加入地震保险。2011年东日本大地震灾害发生后，我开始感到焦虑，有时候会想:“如果首都发生直下型地震，我们家会遭受什么样的毁坏?”为了应对这种焦虑，我采取了具体行动。我索取了地震保险资料，开始考虑购买地震保险的事情。保险费用很高，但是我觉得必须保护好家人，就决定投保。这样，通过感受焦虑情绪，我开启了保护家人的行动。换句话也可以说，一个人正是因为感受到了焦虑，才会产生规划未来的意愿，才会开始为将来而行动。

焦虑绝不是不好的东西。如果能够建设性地使用焦虑，就可以更好地实现自己的目标。当然，为了能有效地使用焦虑情绪，就必须将焦虑控制在“压不垮”自己的程度。

首先不是行动，而是“准备”

那么，接下来我们更加具体地介绍调节焦虑的方法。

要良好地调节情绪，最重要的不是立即行动，而是做好准备。也就是说，调节焦虑的先决条件是做好行动之前的准备。对于让我们感受到焦虑的源头问题，应该尽可能设计出具体的应对计划。在考虑对策的过程中，如果是工作上的事情，可以寻求公司的前辈、同事的协助；如果是生活上的事可以与家人、朋友商量。无论如何，如果能获得他人的协助，那是再好不过的事情。

例如，自办企业的F，由于事业发展不顺利，支付房屋贷款变得越来越困难。照这样下去，不要说公司，连住的房子也保不住。他不知道该怎么办才好，变得很焦虑，感觉心都快要碎了。没办法，F只好将现状告诉家人，与他们商量。商量的结果是，以继承房子为交换条件，长子愿意承担一部分房屋贷款还款义务。就这样，F在家人的帮助下，有效地解决了现实问题，消除了焦虑情绪。

其实，除了家人、亲人，我觉得也可以与心理咨询师等其他人商量对策，从别人那里获得“这样做的话会更好”的建议，找到可行的解决办法。

考虑优先度

在应对由多个问题引发的多种焦虑的时候，最重要的是对它们进行“优先度排序”，然后从优先度高的事情开始着手解决。我经常建议我的客户（或者来访者）对引发自己焦虑的事件或问题用“重要性—紧急性”矩阵（见图3-1）进行优先度排序。该矩阵依据重要性和紧急性的高低将事件归为四种类型。

具体做法是，无论事情的大小，把你遇到的问题全部写出来，然后用“重要性—紧急性”矩阵对它们进行整理分类。其中，特别要关注的是“紧急性低、重要性高”的问题。因为这一类问题特别容易让你焦虑不安，是你必须尽快着手解决的。事实上，一旦开始解决这部分问题，你就会发现焦虑情绪得到了有效的控制。

当你周全地思考让你焦虑的问题，并明确了自己的立场与位置时，你的焦虑就会快速消失。调节焦虑，你只要确定好应对方法就可以了。正是因为存在许多不确定的因素，让你觉得这样也不行，那样也不是，你迷惑不解，所以才有焦虑。在明确必须着手处理的对象以后，你需要做的只是去行动。无需费力的思考，只需心无旁骛的行动。这就是应对焦虑最好的方法。

“紧急性低、重要性高”的问题特别容易让人焦虑不安

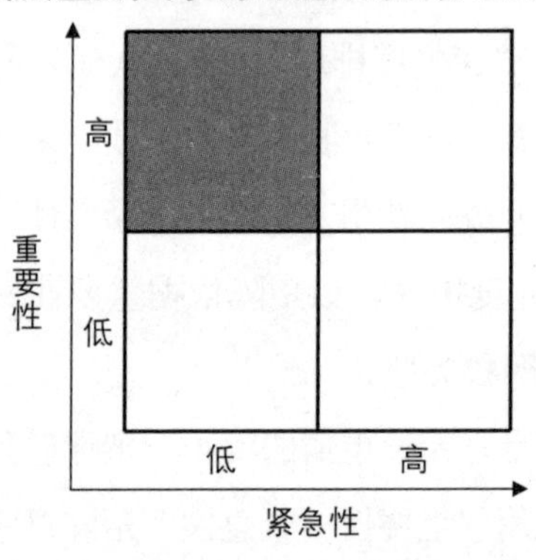

图3-1　“重要性—紧急性”矩阵

列举可以期待的要素

调节焦虑的另一种方法是“找到可以期待的要素”。当一个人感到未来将要发生不好的事情时，就会开始焦虑。相反地，如果感到未来将要发生一些好事，内心就会转为期待。焦虑与期待就像是硬币的两面。比如，如果想的是“调到新的公司，工作会不会不顺利？”你就会感到焦虑；如果想的是“可以在新公司实现自己怀揣已久的计划”，你的期待值就会暴涨。换句话说，要想控制焦虑，只要在思考未来时将焦虑转换为期待就可以了。

对他人焦虑也是同样的道理。对他人焦虑的反面是信赖。当你焦虑地想“部下是不是会给我好好地工作呢”的时候，你可以告诉自己：“完全可以信赖部下，让他踏实地去完成这些工作吧。”这种调节焦虑的方法的关键是要将焦虑置换成期待、信赖。不过，不排除还会有这样的声音：“你即使信赖了部下，对部下抱有期待，但如果他真的没把工作做好，那就麻烦了。”

密歇根大学对焦虑实质的研究结果（《实现梦想的战

略手册》，约翰·C. 麦克斯韦著）显示，在人们体验到的全部焦虑中，能够称得上“合理焦虑”的不过4%—5%。这个结果是不是让你很意外？但它是事实。俗话说“车到山前必有路”，你这样那样担心，还不如行动起来，结果你常常会意外地发现“这事原来这么简单啊！”这样的经验你应该不止一次两次地体验过吧。

可见，绝大部分的问题通过实际的、建设性的努力后，都能够被克服、解决。因此，大家尽管可以大大方方、干干脆脆地把焦虑转换成期待，一般是不会发生什么问题的。

用信赖代替担心

与焦虑相比，更加难以调节的是被称为担心的情绪。那么，经常情不自禁地去担心别人的人，该怎么调节自己的担心情绪呢？这个问题，通过使用阿德勒心理学的“尊敬”“信赖”“共情”等方法增强自己的勇气就可以解决了。

比如说，在团队项目进行的过程中，有同事的工作进度缓慢。“出什么事了，怎么感觉你的工作遇到了困难。”“工作是不是做得不对？”上司、同事的这类担心，不少是因为他们缺少对这位同事的尊敬和信赖。正因为觉得“这个人时间管理能力欠缺”，所以才会担心他。在这种情况下，重点是要对工作进展缓慢的人保持“尊敬”的信念，信赖他，与他共情。让他意识到，不管发生什么事情，他都可以用自己的方法解决问题，或者通过“报—联—商”（报告—联络—商量）手段加以解决。你如果能这么想，不必要的担心自然会消失。

前些天，我接受一位母亲的委托接待了一位来访者。母亲说：“儿子常年闭门不出，让我非常担心！”对凄凄切切地诉说担心的母亲，我是这样回应的：“将你的‘担心’改为‘信赖’试试看？”接着，我就与这位母亲一起探索在她心中种下信赖儿子的种子的方法。虽然说她的儿子已经“闭门不出”了，但有时候还愿意出门见朋友，有时候还会出门参加志愿者活动，其实他还有与社会联结的意愿。在列举信赖种子的过程中，她的担心逐渐转变成了信赖。这个时候母亲才开始发觉，自己以前对儿子不够信赖，想通过担心来实现控制儿子的目的。我详细聆听这位母亲的述说后得知，母亲将80%的心思放在儿子身上，而为丈夫花费的心思不过5%。接着，我是这样继续这个话题的：“您儿子一直在家，应该比较安全；与您儿子相比，您丈夫在外面打拼，不知道会遭遇什么样的磨难，是不是应该多担心点您的丈夫呢?”

这个案例很明显地显示了母亲对儿子的过度担心。像这样，冷静地分析一下现状，就很容易发现自己的担心已经偏离常态了。

焦虑一旦变成焦急，问题就显而易见

那么，应该怎么控制焦急情绪呢？焦急是能够让混沌不清的问题清晰起来的情绪。如果我们将隐隐约约感觉到不安的问题搁置下来，焦虑就会自然而然地慢慢往焦急的方向改变。如果在感觉到焦虑的时间点就采取了应对措施，焦虑就没有往焦急转变的必要了。也就是说，焦急是给一个准备不足的人以警告的情绪，它的目的就是催促人们去做充分的准备，以便解决问题。

当一个人感到焦急的时候，应对的方法大约有以下四种类型：从下到上，焦急的程度逐渐增高（见图3-2)。

焦急的程度

1. 拼命努力去解决问题，让现实靠近目标。
2. 时间很紧迫，准备延长实现期限。
3. 也可以不用全部完成预期任务，拉低目标。
4. 将问题推给别人，或者用一堆理由来推卸责任等，放弃继续解决问题。

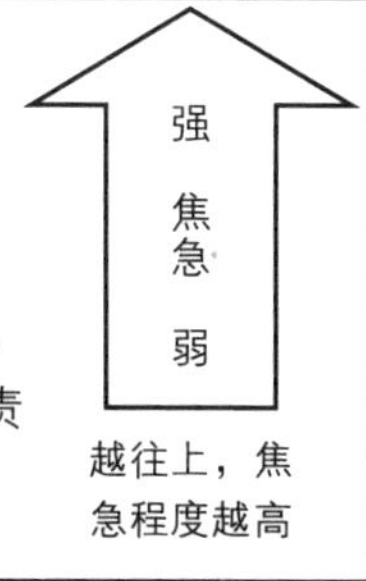

图 3-2 焦急的应对方法

急性子与完美主义滋生焦急情绪

以下四种类型的人具有明显的焦急倾向：

1. **强烈希望超过别人、要比别人领先一步的人；**
2. **工作上追求完美，缺少"适度"意识的人；**
3. **觉得自己是懒人的人；**
4. **经常梦见焦急情景的人。**

接下来，我们一个一个地解说这四种人。

强烈希望超过别人、要比别人领先一步的人

一般来说，急性子的人比较容易焦急。比如说，在等待红绿灯的时候，有些人等不及红灯变成绿灯就飞奔出去；或者在信号灯快变成红色的瞬间，还强行穿过马路；无论如何，他们没办法让自己安静等待、让自己有“时间充裕”的感觉。他们在工作的时候特别在意别人的动向，难以拥有心理上的空闲余地。

工作上追求完美，没有“适度”意识的人

焦急的人不仅难以拥有时间和心理的空闲，做事情还习惯追求完美。我自己习惯在参加研讨会之前准备好实际需要量1.5倍的资料，以便让自己在发生不可预测事态的时候可以从容应对。但是，有时候由于时间紧急，只能准备最低限度的资料，每当这时我就会感受到强烈的焦急情绪。事实上，这种情况并不意味着我的资料准备不充分，我完全可以不慌不忙地工作，而实际上我却难以自制地焦急了起来。这就是“我必须要准备1.5倍量的PPT资料”的完美主义带来的焦急情绪。

一个人只要忙于工作，就不可能没有焦急情绪。我40岁的时候，觉得“到了50岁就不会焦急了吧”；到了50岁以后发现，还是有很多时候会让我感到焦急。我就继续想，下次到了60岁就一定不会焦急的，结果60岁以后还是经常要与焦急见面。照这样下去，即使过了70岁，我也依然要做好继续感受焦急情绪的心理准备。

在自认为懒人的人群里不存在懒人

觉得自己是懒人的人

“搞不懂为什么变成这样，我居然什么都没做啊！”焦急的人具有将自己看作懒人的倾向。不过，阿德勒认为，懒人有自己懒惰的目的。懒人可以对别人说：“自己的状态是自己太懒造成的（是因为没有努力，而不是自己不行）。”由于懒人对自己抱有自责，他们愿意用这个理由来应付别人（更主要是自己）对自己的指责。自己什么都不会，不是因为实力不够，而是过于懈怠了（避重就轻）。强调这个主张的好处是它可以给自己没能解决问题提供一个说辞或理由。真正懈怠下来的人，一般是不会承认自己懒的。换一种说法就是，真正懈怠下来（或者这样觉得）的人会觉得，自己的能力不只这些、自己的工作状态应该可以更加完美。在这些理想不能成为现实的时候，他们才认为自己是懈怠者、是懒人。从这些例子可以看到，容易焦急的人一般也是完美主义者，是责任感强的人。

理解这些观点以后就可以知道，焦急可以使人积极向上。因此，从阿德勒心理学的角度看，焦急并不是破坏性的情绪，它可以被归为建设性的情绪。如果感受不到焦急情绪，人就可能永远处于什么事情都不做的状态。在工作中，有时会遇到提交材料的最后期限临近却还有大量的工作没完成的情况，这个时候，如果当事人感受不到焦急的情绪，继续像往常一样工作下去，肯定是不能按时提交材料的。像这样该着急的时候没有着急、明显与现实不合拍的心理行为，将明显损害当事人的心理功能。周围的人也不敢将工作交给这样的人吧？可见，焦急是可以驱动你去行动的朋友，是不可替代的情绪。因此，我们的目标不是要完全消除焦急情绪。

梦告诉我们的现实课题

经常梦见焦急的情景的人

容易焦急的人会经常梦见自己处于焦急的场景之中。我自己也会不时梦见高中时候考试的情景。在梦中，作为高中生的我正在等待考试的到来。虽然自己知道，有可能成为考试题目的数学问题我都已经学习过了，却还是莫名其妙地感觉到“穷途末路”。“不好，这样下去，考试肯定会不及格的，怎么办？”我经常会在这种不祥的氛围中惊醒、睁大眼睛。在现实生活需要直面困难问题的时候，我就会梦见高中时候的这个考试场景。一个人不会做没有目的的梦。梦是对比较近的未来可能遭遇的境况的预演。虽然主题完全不一样，但梦见高中时代考试的情景可以让我警觉，提醒我工作还处于准备不足的状态。梦传递给我的信息是：“请你好好地解决你的问题。”一般情况下，在梦见考试的场景以后，我就会认真地去面对问题、去解决问题。

从小小的进步开始

调节焦急情绪最重要的方法，无论如何都应该是“做好事前准备”。实现这个目标的关键是，要在感觉到焦急之前——焦虑阶段就开始有效地应对问题。比如说，如果一个人对一个月之后要发表的演讲感到焦虑，他就要从现在（感到焦虑的时候）开始做准备，一点一点地整合资料。这样即使演讲日子临近，焦急的情绪也不会越来越强烈。

现在，说说如何用前文中提到过的“重要性—紧急性”矩阵来梳理、应对焦虑。在紧张度较低的阶段，先将重要性比较高的课题解决了，我们的焦急情绪就会确确实实地弱化下来。

在写书的进度难以如我所愿的时候，我也会继续用心做些笔记、准备些资料。这样，即使原稿写作没什么进展，也可以让我真实地感受到工作在进展，这样我就可以不用过于逼迫自己了。

如上所述，当我们将事情付诸具体行动的时候，焦虑的情绪就会开始消失，这点也和预防焦急相关。请用心着手准备吧，从小小的进步开始。

在准备期间，获得他人的协助也是一种很好的手段，自己过于大包大揽也容易出现焦急情绪。与自己相比，有时候别人更知道解决问题的方法，因此在感受到焦虑的早期阶段找人商量，是万全之策。

相信从焦急中产生的力量

前文阐述了事前准备的重要性。与此相反地，在这世间确实也存在将焦急作为推动工作进展的“起爆器”的人。事前做好准备的人被称为“提前逃脱型”，另一种则是后发制人的“最后冲刺型”。不少小说家、漫画家会在截稿日期临近前，工作突飞猛进，在短时间内创作出精彩的作品。这类事情大家应该都有所耳闻吧。

在电视上看马拉松比赛转播的时候，我们可以看到，有的运动员从比赛开始就跑得飞快，也有的运动员在后半程才开始追赶，然后在决胜阶段逆转。后者具有凭借焦急激发力量的能力，是典型的“最后冲刺型”。

“最后冲刺型”的人，常常可以在焦急的情况下发挥出本来的实力。如果从这个角度考虑，消除焦急情绪就不一定是最好的办法。因此，这一类型的人要领悟到“焦急是他一生的朋友”，必须与焦急好好相处，不要因为焦急而自我责备，因为问题不是出在焦急这个情绪上。如果能够凭借焦急情绪，发挥出最大的潜能，不仅可以消除恐惧，还可能达到解决问题的最佳效果。

总之，努力将自己改造成“提前逃脱型”，还是继续做“最后冲刺型”，这都是你自己的选择。

本章小结

1. 焦虑是未来问题还没清晰的时候人所体验到的情绪。

2. 感觉到焦虑是为了自我保护。

3. 担心与焦虑的不同在于担心具有对他人的依赖性与支配性。

4. 焦急是明确问题的标识性情绪。

5. 焦虑与期待是一枚硬币的两面，但用焦虑命中目标的概率微乎其微。

6. 可以用重要性和紧急性判断一件让你焦虑的问题的优先程度。

第四章

检视疑虑，从嫉妒走向自由

从三者关系中诞生的嫉妒

在人类所拥有的各种各样的情绪中，嫉妒可以说是后果最不好、最危险的情绪。嫉妒带来的悲剧，在紫式部的《源氏物语》、莎士比亚的《奥赛罗》等古今中外的名著中都有大量描述。

嫉妒，基本上是由三者关系产生的。最容易理解的是恋爱关系。假如T（男性）与M（女性）曾经恋爱过。分手后两个人依然保持着一起出去吃饭之类的行为，维持着超过朋友的友好关系。但是，不知道什么时候，T的心中冒出一个疑虑，M与名为U的另外一位男性似乎很亲近，有时能看见M与U在咖啡厅谈笑风生。对此，T的心中不太平静。这个时候T感受到的就是我们说的嫉妒情绪。

实际上，T还不知道M与U是不是正在发展恋爱关系。他们也可能只是单纯地在磋商工作上的事情。即使这样，T的嫉妒心依旧在不知不觉中日益增强，最后他终于做出了行动。有一天，T埋伏在路上等待下班的U，然后突然出现在U面前并堵住他问："你和M之间是什么关系？”面对突如其来的T，U吓了一跳，然后冷静地回答：“关系？有时候一起去体育俱乐部参加活动，我们只是朋友。”T对他说道：“如果是这样，你能不能不要对M做那些黏糊糊的举动？”U露出了困惑的表情。

疑虑产生嫉妒

综合考虑目的和对象，可以给嫉妒下如下定义：

当他人（第三者）让自己或者与自己有亲密关系者的利益处于丧失的危险境地时，当事者怀着疑虑试图劝退第三者或者自己的亲密关系者，以排除危险境况、拯救亲密关系。这个情况下使用的情绪就是嫉妒。

嫉妒情绪包含四个要素：

1. **情绪表达的对象是第三者；**
2. **在感觉无法自我保护的时候产生；**
3. **对自己所要保护的人和物怀有疑虑；**
4. **目的是劝退相关人员以保护自身利益。**

依据这四点，我们再回头看看T的情况。T觉得自己有与M继续维持男女朋友关系的权利。而这个权利因为受到第三者U的挑战，让他感到疑虑。T因此感受到了嫉妒情绪。由于嫉妒的目的是要排除他人、拉近亲近的人，因此T做出排除U的行动的同时，也期待与M的关系会更加亲密。

关于嫉妒，阿德勒曾经做过这样的表述：

“我们知道，嫉妒是建立在强烈、深刻的自卑感之上的情绪。嫉妒心强的人更担心自己没有办法让伴侣永远留在身边，希望有更多能够挽留伴侣的办法。可见，一个人在表达嫉妒的同时也暴露出他们自身的弱小。如果能深入体会这类人的内心，你就可以清晰地看到在他们心中有权利被剥夺的感觉。”（《个体心理学讲义》）

嫉妒与“被剥夺的占有欲”紧密相关。反过来说，如果能理解“世间没有绝对的占有”，嫉妒情绪就会开始松动。如果能面对M与U正在交往的客观事实，T就会明白，断了对M的念想才是硬道理。到这个时候，T的嫉妒情绪才能真正开始艰难地往放弃M的方向去改变。

混杂着正性情绪的羡慕

羡慕是一种与嫉妒相似的情绪。两者的不同如表4-1所示。

表4-1　嫉妒与羡慕的不同

情绪	嫉妒	羡慕
关系	三者关系	二者关系
着眼点	对方的负性要素	对方的正性要素

比如说，在你工作的单位，名为K的男性是与你同时期入职的。K人缘很好，工作能力很强，经常成为大家瞩目的焦点。遇见这样的人，你会想："K真的很厉害！我也想成为他那样的、魅力十足的人。"这个时候，你对K怀有的情绪就是羡慕。它是你在与K的二者关系中，因为承认K的优点而体验到的一种正性情绪。

羡慕情绪虽然包含后悔等负性情绪，但也包含憧憬、敬意等正性情绪。

如果你嫉妒周围人（第三者）对K的评价，即使K只是犯了很小的差错，你也可能会鼓动周围人去疏远他。由此可以知道，与羡慕相比，嫉妒是何等恶劣的情绪。嫉妒情绪一旦过了头，甚至可能引发犯罪行为。

嫉妒是后天习得的心理工具

阿德勒的优秀弟子、美国精神科医生、心理学家沃尔特·贝拉恩·乌尔夫的著作《怎么能够幸福?》中有很多关于嫉妒的阐述。乌尔夫在这本书中说道：

“嫉妒是人为造就的情绪，不是与生俱来的本能情绪，是人在人生旅程中后天学习获得的心理工具。嫉妒情绪对嫉妒的人和被嫉妒的对象双方都可能造成伤害。”

嫉妒情绪并非是原本就有的，它只有在第三者存在时才会被启动，是一种在人际互动中得到强化，并一直延续到成年的技能。例如，孩提时代我们会嫉妒被父母偏爱的弟弟妹妹，这种感觉是在有了弟弟妹妹并开始与弟弟妹妹互动以后才会有的。嫉妒就像一个我们小时候玩过、长大了还在继续玩的游戏。政治家嫉妒竞争对手、职员嫉妒同事等，都是孩提时代嫉妒经验在现实情境中的再现。

反过来说，由于嫉妒是一种从经验中后天习得的心理工具，我们也可以通过自己的努力不再使用它。我们已经不是孩子了，没有必要将小时候使用过的心理工具当作后半生都不能放手的宝贝。

嫉妒会引导我们走向非建设性的生活方式，所以请你拥有放弃嫉妒的勇气，拥有不再让嫉妒误导你的生活方式的勇气。

三个步骤解决嫉妒

通过以下步骤可以有效应对嫉妒情绪：

1. **承认正在嫉妒的现实；**
2. **检视嫉妒背后的疑虑；**
3. **采取建设性应对。**

首先要承认自己正在嫉妒的现实，放弃“是对方的问题，与自己没有关系”等想法。在此基础上，检视自己心中的疑虑，对于这些疑虑是妄想还是现实一一加以确认。我们再次引用前面说过的T的案例。T如果能够承认自己正在嫉妒U，然后去确认M是不是喜欢上U了，是不是和U在交往了，这样就可以解决嫉妒问题。如果不能直接去询问对方，通过信件、电子邮件等手段也没问题。一旦确认了M与U在交往的事实，T就应该选择果断地退出。否则，T就应该认真地预测一下自己不退出的后果。

“如果让嫉妒情绪继续持续下去，自己可能会过得越来越悲惨，甚至还可能做出跟踪狂那样的行为。”

请各位务必留意这些可能的后果，然后认真考虑建设性的应对方法。

针对嫉妒，建设性的应对方法有以下三种：

▶**谅解被嫉妒的第三者和自己**；

▶**祝福对方并与对方修复关系**；

▶**圆满地与对方分离**。

首先我们要谅解嫉妒的自己和被嫉妒的对象。嫉妒中的人会因为嫉妒对方而生对方的气。不过请你记住，被你嫉妒的人也是人，只是对方不是自己是别人而已。此外，希望你能意识到，尽管自己喜欢的人没有选择自己而选择了他人，但如果对方能够因此而感到幸福，也是值得祝福的事情。虽然这样的谅解需要时日，但它最终会让你慢慢接受现实。

关于嫉妒导致自我价值感低下，乌尔夫是这样描述的：

“爱只能在对等的两个人之间产生。当一个人被嫉妒纠缠时，嫉妒将极大地消耗他的自我价值感，使他渐渐陷入自卑的深渊。”

嫉妒的人在嫉妒的时候，就已经在自我贬低了。为了守护自己的自我价值，我们必须用忍耐与宽容来跨越嫉妒，愿意与对方交流，一起努力修复被扭曲的关系，并最好能向对方传达由衷的祝福。此外，为了不让自己痴缠在嫉妒的回忆里，可以尝试给自己一个“与对方圆满分手”的仪式，这也是非常可取的。

被别人嫉妒的四种应对方法

到目前为止，我们讨论了应对自己嫉妒心的方法。那么，在自己被别人嫉妒的时候，应该怎么办才好呢？基于阿德勒心理学的理论与经验，可以考虑使用以下四种应对方法。

1. **与对方开诚布公地交流**。处于嫉妒中的人，他的疑虑会在妄想中渐渐膨胀。如果就这样不闻不问、置之不理，极有可能会发展成为大麻烦。因此，尽早与对方推心置腹地谈一谈是很重要的。认真听听对方怎么说。如果发现对方存在“多想”和“纠结”的地方，就应该及时表明“这个不是事实，你想太多了”，从而减轻对方的嫉妒情绪。

2. **与对方保持距离**。在充分沟通以后，如果问题依然不能解决，务必要与对方保持距离，或者考虑与对方断绝关系的必要性。与对方结束关系，是清除产生嫉妒土壤的有效方法。

3. **邀请第三方协调**。当问题难以在当事人之间解决，甚至发展出更多、更大麻烦的时候，必须与第三方商量、借助第三方的力量促进问题解决。邀请双方都认识的熟人、恩师等人介入，可以让双方冷静对话，增加对方听进正确意见的可能性。

4. **借助法律手段**。最后还可以考虑拿起法律的武器。对于跟踪狂那样的犯罪行为，不仅可以通过邮件向当事人提出抗议，还可以要求警察介入来帮助解决问题。当然，诉诸法律也是手段之一。

停止嫉妒的继发体验

如果一个人无法从失恋中走出来，因为嫉妒前任的新伴侣而痛苦，此时，与他人开启一段新的恋爱关系是最好的解决办法。一位被恋爱困扰的女性曾向我咨询。她曾经与一位男性交往过，在恋爱一段时间后对方提出分手，于是两人分道扬镳、各走各的路了。两人分手后不久，她发现前任正在和别的女性交往。一般来说，他已经和她分手了，他现在和谁交往跟她已经没有什么关系了。但是她在心里始终感到难以割舍。“我当初为什么会被抛弃?”她的后悔让她“怎么做都不能停止嫉妒他的新女友”。接着，她开始再次涉足曾经与他约会过的西餐厅、旅游过的观光地，再次观看与他一起看过的电影，据说是想通过这些方法让自己与和他在一起的回忆做个告别。但是，事实证明这样做并不能解决问题。相反地，她越想忘记他，与他再次恋爱的心情却越发强烈。

她对我说：“我无论如何也忘不掉他的电话号码。即使清除了手机号码簿中的电话号码，已经记在心中的数字却无法离开我的大脑。”

我是这样回应的：“其实方法很简单，只要不断地给其他人打电话就好了。”“什么意思呢?”“就是去找一个新的恋人，开始一段新的恋爱。如果可以与新的恋人打电话，原来恋人的电话号码就会很快忘记。一句话，用新的号码覆盖旧的号码。”

想想用电脑保存的数据吧。将数据命名保存之后，它就会原封不动地被保留在电脑上。只要这个数据还留在那里，人就会情不自禁地想起它，这是人之常情。但是，如果在这个数据上面覆盖保存另一个数据，原来保存的数据就会消失掉。不用多久，你就会想不起来自己曾经保存过什么样的数据。同样的道理，发展一段新的恋爱，保存新的记忆，就像在过去的数据上覆盖保存了新的数据一样，会让你对过去恋爱的记忆烟消云散。

你越想忘记，就越忘不掉。因此，不要试图忘掉什么，只要在上面覆盖保存新的记忆就好了。

本章小结

1. 嫉妒产生于三者关系中，是为了守护自己利益而产生的分离性情绪。

2. 松动占有意识是走出嫉妒的第一步。

3. 嫉妒是后天习得的一种非建设性的情绪，可以通过努力加以控制。

4. 感受到嫉妒的时候，首先要承认这个情绪，然后去检视自己对对方的疑虑。

5. 主动远离能够强化嫉妒情绪的场所、人和事物。

第五章

在抑郁中积蓄未来的力量

陷入抑郁的理由

“不知道为什么，自己这么没用。”

“与上司合不来，连话都懒得说。”

“一想到要和讨厌的邻里往来，心情就黑暗起来。”

一个人不仅仅会在重大挑战或者事业失败后陷入抑郁的心境中，也可能因为偶然的、不起眼的事件而感到心灰意冷。那么，如何收拾让人堕落的抑郁心境呢？本章将和你一起深入考察抑郁这个情绪。

从阿德勒心理学的观点来看，一个人“有意、无意地”让自己陷入抑郁状态，一般是为了下述两个目的。

1. 回避要直面的问题

抑郁与前面阐述过的焦虑、焦急具有相反的目的。当一个人陷入抑郁情绪的时候，就等于向周围人宣布自己已经丧失直面问题的力量，暂时逃避面对问题，往后拖延解决问题的时间。这是当事人对当前局面的应对方式。

比如，“自我封闭”的孩子无论如何都不愿意继续上学，这可能是因为他正处于抑郁状态，需要暂时回避“去学校上学”这个问题。在上班族中也存在被称为“海螺小姐综合征”的心理现象，他们不想迎接星期一，试图回避正在等待他们解决的问题，因此陷入抑郁状态。

2. 为未来积蓄能量

抑郁的另一个目的可能会让你意想不到，那就是“为未来积蓄能量”的正向目的。英文单词“depression”可以被翻译成“抑郁”，也可以被理解成“不景气”“状况不好”等。精神、身体的能量一旦骤降，人就会产生抑郁情绪，就像经济陡然下滑，社会就会陷入不景气的状况一样。两者的相同之处是，它们都意味着能量（活力）低下的状态。

一个人处于能量低下的抑郁状态时，相较于释放能量，更倾向于让自己进入储蓄能量的状态。

自责招来抑郁

那么，什么样的人更容易陷入抑郁情绪呢？

首先，完美主义者容易陷入抑郁情绪。因为他们不甘示弱，一旦事情没有顺着自己期待的方向进展，就会感到心情低落。即使事情已经按照预期进展，但只要进展得不够令人满意，他也会感到情绪低落和消沉。

其次，容易陷入抑郁的人具有明显的自责倾向，这种倾向强烈地影响着当事人的情绪。因为这类人顽固地保持着“必须××”“××不能没有”之类绝对化、僵化的信念，在事情没能符合这些信念的时候，他们就会开始自责。

当一个人自己责备自己、自己否认自己时就会陷入抑郁；但是一旦有人责备他，他却会表现出愤怒情绪，呈现出只允许自责不允许他责的心理状态。这种现象也告诉我们，愤怒和抑郁是一体的两面。

你的抑郁水平有多高

抑郁情绪存在不同的水平。用灰心、孤独、悲惨等词语描述的是比较轻度的抑郁状态，这类轻度的抑郁在现实问题得到解决后就可以被消除。但是，当抑郁发展到无力感、绝望感、罪恶感的程度后，抑郁的人就会处于无法行动的无力状态。为了防止自己不知不觉间陷入严重的抑郁状态，我推荐大家都用表5-1来检测一下自己目前的抑郁水平。

表5-1　抑郁水平测量表

请对照你最近几周的心情，在相应的抑郁表现及其程度上画上“○”。

抑郁程度的类别	抑郁的表现	抑郁程度			得分
		强烈地感受到	有点感受到	没感受到	
低	1. 轻度情绪低落	2	0	0	
	2. 伤感	2	0	0	
中	3. 有自责想法	2	1	0	
	4. 孤独感	2	1	0	
	5. 悲惨感	2	1	0	
	6. 无力感	2	1	0	
	7. 懒散感	2	1	0	
重	8. 闭塞感	4	2	0	
	9. 强烈的罪恶感	4	2	0	
	10. 绝望感	4	2	0	
		合计			

抑郁水平测定结果与注意事项：

★得分在0—5分之间的人：没有特别的问题。请注意日常的饮食、休息。

★得分在6—10分之间的人：可能有轻微的压力。请注意适当减少工作时间、转换心情等，减轻压力。

★得分在11—15分之间的人：已经长时间处于抑郁状态。请调整目前的生活状态，有必要努力改善身心状态。
★得分在16—26分之间的人：身心状态很值得担心。建议依据情况寻求医生或者心理咨询（治疗）师的帮助。

阿德勒认为，罪恶感中包含着当事人的目的。再详细点解读这句话，可以理解为：当一个人感觉到罪恶感的时候，就是在说："我已经这样自责了，你们就不用再责备我了，不要再对我有什么期待啦!"这是自责的人对周围人提出的要求，也是企图回避来自周围压力的尝试。如果周围人按照他们的"要求"做出反应，他们就可以持续地回避压力，给自己积蓄能量的机会。这就是自责心理的运行机制。

抑郁是下个跃进前的充电期

在陷入抑郁心境的时候，最重要的是要停止责备自己。任何人的人生都不可能一帆风顺，都是从磕磕碰碰中过来的。我经常要求参加我讲座的听众画自己的"生命线"——将自己从出生到今天为止的人生历程，用图5-1那样的高低点画出来。(注：在横坐标的上方标出对你有积极影响的重要生活事件，在下方标出对你有消极影响的重要生活事件；横坐标代表年龄，纵坐标代表事件的影响程度。）

生命线的例子

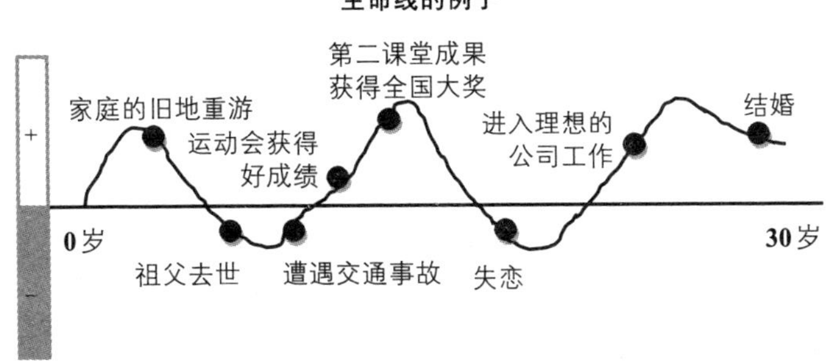

你的生命线

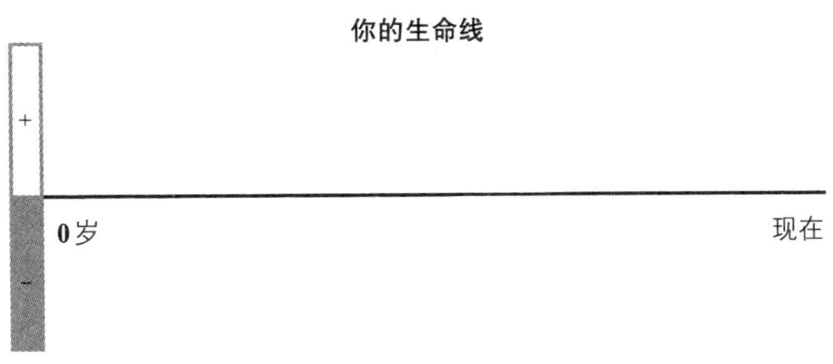

重要生活事件（具体地描述）

图5-1　生命线的图

观察自己和别人的生命线以后你就会发现，没有人能够总是将生活状态保持在基线以上。不管是谁，生活中都经历着上升和下降的过程，每个人画出的生命线都是一条蛇形的曲线。

因此，在面对逆境的时候，我们不要急着责备自己，在这期间更重要的是一边为自己充电，一边踏踏实实地等待顺境的来临。具体地说，从学校休学、从公司休职或辞职也是休养生息的一种方法。无论如何，人在生活中必定会遇上需要暂时停下来歇息的时候。人生就像舞台一样，既有在舞台上表演的时间，也有在舞台下休息时间。18岁上大学、22岁就业、30岁之前结婚生孩子……并不是所有人都要照着这样的人生轨迹去过自己的一生，不允许有任何偏离。

阿德勒曾经说道："每个人都是自己人生画卷的画家。"没错，一个人只能走自己的人生道路，"什么年龄就应该做什么事"这样的想法必须停止。如果你的抑郁正在持续，更应该暂时停下行程，再次审视一下自己的生活方式。不要被周围人的价值观所迷惑，走好自己的人生道路就好了。上班族可以将自己离职后的空窗期当作朝着新目标前进前的一次歇脚时间。

此外，当我们在舞台上的时候，也不要太勉强自己，必须注意给自己储备能量。当你这么想的时候，你就会理解抑郁的正向目的，即抑郁是为了未来的跳跃储备能量的时期。

要想跳得更高，就必须先弯曲双膝，让自己处于更矮的状态。如果你现在正处于抑郁状态，说明你正处于弯曲双膝的时刻，你的内心正在传递给你一个信息：你在为下一个跳跃做准备呢。

在大目标边上架个梯子

我们前面说过，容易陷入抑郁的人大都是完美主义者。他们有“我要成为××”的高标准的目标，但在他们觉察到实现这个目标的希望很渺茫的时候，就会陷入悲伤的心境、体验到无力感，抑郁的程度也会渐渐加深。如果要阻止抑郁的程度加深，有两种方法可供选择。

一是将目标的标准往下调整。之所以目标不能实现，可能是因为自己设定了远超自己实力的、过于理想化的目标。在这种情况下，我们必须重新修正目标，设置自己跳一跳可以够得着的目标，然后朝着这个目标去行动。

二是在目标下面架一个梯子。为自己设置了很高的目标，本来想一步成功，实际却摔了个大跟头，不但不能顺利实现目标还让自己深受打击，挫折感、无力感逐渐加深。为了避免这种惨剧上演，首先要将目标分解成更小的目标，即短期目标、中期目标、远期目标、最终目标等，让目标更细、更具体，就像在目标与自己之间架上一层一层的台阶，然后脚踏实地地一个台阶一个台阶地攀登，朝着既定的目标渐渐靠近。假如你决心在三年以后实现某个目标，最好每半年设定一个可以实现的小目标，直面问题、不要着急、一步一个脚印地前进，最终你就能实现自己的愿望。

避免与同情心泛滥的人见面

抑郁有时候可以在人际互动中被治愈、被修复。因此，处于抑郁状态的人，如果还有一定程度与人见面的余力，与人交往也是一种有效的方法。可以约上专业的心理咨询师，让他听听你的心声；也可以在亲近的朋友面前，说说自己的心里话，向他们倾诉；当然还可以回家，让父母兄弟温暖地守护自己。总之，抑郁的鸿沟是一定可以逾越的。

相反地，在抑郁期间应该避免与让你感觉到压力的人面对面接触。比如，因为失业而情绪低落的时候，与生意正做得风生水起的老同学见面，可能会让你感受到与对方的落差，从而招来悲伤的心情。而悲伤的心情会进一步助长抑郁情绪。

另外，特别需要注意的一点是，在抑郁期间应该避免与不懂共情、只会同情的人见面。我曾经历了一段痛苦的时期，那时候婶婶见到我只会一边流着眼泪一边说："俊宪真的很可怜！应该很难受吧。已经病入膏肓了，已经没办法了！"最初我很感激婶婶在担心我的事情，但接下来我的心情就坠入了更深的深渊。婶婶的同情是怜惜，也就是说我被婶婶置于相对弱者的位置。而且，因为被同情，我心里自责的声音更加此起彼伏。事实上，我的不幸与婶婶没有任何直接关系，而被婶婶这么一怜惜，我更觉得自己是一个没出息的人，这让我更加难过。

同情我的人，绝非恶人，但与这种人相见不可避免地会让我越来越自责，因此应该尽量回避、不与这种人接触。怎么做都无法回避的时候，即使不能在空间上远离，也要在心理上将其“拒之门外”。“虽然被同情了，但这不代表我是个不好的、没用的人。”就像这样，在心里冷静地与对方说的话保持距离，不去责备自己。

尽情地浸泡在悲伤情绪中

当陷入无力感、绝望感深渊的时候，没有必要勉强自己将心情从负性切换成正性，相反地要敢于给自己留些沉浸在负性情绪中的时间。如果抑郁的目的是补充能量的话，沉浸在负性情绪中的时间越久，储存的能量就越多。更重要的是，抑郁期间是面对自己、与自己对话的最佳时机。

在做音乐治疗的时候，建议怀有绝望感的患者聆听柴可夫斯基的《悲怆》交响曲，就是这个道理。这支交响曲像它的名字一样充满着悲壮感。在治疗时会先让悲壮的旋律回荡在耳边，使当事人的心情与音乐的情感产生共鸣，激发内心与音乐的联结，再让耳边回响的旋律渐渐变得轻快，从而在音乐的引导下，促进当事人的情绪慢慢地得到修复。可见，这样的音乐疗法非常适合处于抑郁心境的人。

另外，也可以将音乐换成电影、绘画作品等，通过五官的感觉刺激，实现疗愈效果。比如，首先在美术馆中让自己陶醉在沉着冷静色调的作品里，然后慢慢接触、感受色彩鲜艳的作品，诱导情绪随之转变。

总之，按照逐渐改变的原则来接触和感受艺术作品，可以慢慢地将感觉从阴变成阳，实现心情从负性向正性转变的目标。

快要陷入抑郁情绪时的应对方法

改变环境也是防止抑郁情绪加重的一种方法。虽然前文说过，辞职是抑郁时休养生息的一种手段，但如果能在辞职之前外出旅行一次，改变一下心情，或许回来后就不想辞职了，甚至可能找回曾经对工作的热情。

另外，由于抑郁是一种与身体因素紧密相关的情绪，从身体角度入手进行调节，也是一种不错的选择。比如，一个人垂头丧气的时候，即使心里想着要拿出精气神来，也是很难变成精神抖擞的样子的。因为垂头丧气的身体状态是与情绪连接在一起的。只要你抬起头、目光稍微朝向上方、昂首挺胸地大踏步走路，就可以让心情变得更加积极向上。爬上山顶，从山顶眺望眼前的景色，领略“群山在我脚下”的壮阔；积极运动让全身毛孔打开、汗流浃背，体味舒展身体的畅快；大声地喊出心灵深处的喜怒哀乐。这些方法都对抑郁心境具有一定的疗愈作用。

我每天早上起床的时候，都会手指交叉、高举双手，同时告诉自己：“啊！今天也是美好的一天啊！”即使你不做这些，只要发出声音来，做做深呼吸，也可以让自己踏踏实实地感受到积极向上的力量。

即便最近发生了让你情绪低落的事情，也要记得用新的心情开启新的一天。

本章小结

1. 抑郁期间就是回避问题、补充能量的时候。

2. 自责是为了回避来自周围人的期待。

3. 应该将大问题分解成小问题，然后一步一个脚印地朝着达成最终目标的方向前进。

4. 共情与同情不同，同情会加深他人的抑郁。

5. 由于抑郁与身体紧密关联，所以每个人都可以发展出一套适合自己的从身体角度调节自己的方式，用来预防抑郁情绪。

第六章

与自卑结伴成长

阿德勒将自卑分为三类

“与一起入职的同伴相比，自己的业绩完全不好意思说出口。”

“没办法，总是觉得自己个头太矮小。”

“与朋友们相比，我的家庭真不算富裕。”

被称为“自卑感”的情绪，在阿德勒心理学中占据着重要的地位。阿德勒从自卑感入手，理解人类的心理过程。为了更好地理解阿德勒心理学中的自卑感这一概念，我们有必要先来理解一下自卑性、自卑感、自卑问题之间的不同。

自卑性与手脚不方便、眼睛看不见、耳朵不灵光一样，是人的客观属性。这类属性可以被客观地观察和测量。阿德勒曾经使用“器官自卑性”（organ inferiority）这个词来表述与身体器官缺陷一样客观存在的自卑性。

相对于自卑性，自卑感是人的主观属性。例如，个子矮小的人，总担心自己因为个头矮小被冷眼相待，这就是自卑感。不过，一个人的身高即使比人均身高还高，他也可能因为觉得自己“个子矮小”而感受到别人鄙视的“斜眼”。那么，这个人身上存在自卑感，但不具有自卑性。也就是说，自卑感是一个人主观上认为自己有某种缺陷而带来的一种感受。

自卑问题是由自卑性和自卑感引发的，是为了回避自己正面临的工作、人际关系等方面的问题而使用的情绪。从这点来看，可以肯定地说，它与抑郁的目的是一样的。只是，阿德勒认为自卑问题是过高水平的自卑感，几乎可以说是已经达到了病态水平。因为已经达到病态水平，所以与自卑性、自卑感相比，自卑问题的体验更加深刻、更加负面。对于自卑问题，我会在后续的章节中更加详细地加以说明。

表6-1　阿德勒认为的自卑性、自卑感和自卑问题

自卑性	从他人角度也可以清晰看出来的东西
自卑感	只是自己内心感觉到的东西
自卑问题	自卑感超过一定水平后的东西

自卑感是所有情绪的出发点

阿德勒心理学认为，没有人能躲过自卑感，每一个人都或多或少地体验过自卑感。我在做讲座时曾经询问过听众："你们有自卑感吗?"结果，几乎所有的人都举起了手。事实上，人只要活着就会体验到自卑感，与年龄、性别无关。

自卑感的英文是inferiority feelings的复数形式，这表明其中混杂有各种各样的情绪。到目前为止本书探讨过的愤怒、焦虑、嫉妒、焦急、抑郁等情绪都多多少少混杂着自卑感。那么，我们到底是为了什么一定要拥有这样的自卑感呢?

一方面是为了与别人进行比较，希望通过与别人比较来确认自己的现状，正是因为有感觉到差距所带来的自卑，我们才会让自己更加努力。另一方面是为了填平目标与现实之间的距离。比如说，虽然我有"要考上某某大学"的目标，但还不知道自己的成绩是否足够实现这个目标。这个时候，自卑感就像弹簧一样，推动我为了实现目标而努力。在这里，我们将与别人比较后产生的自卑感称为“对他人的自卑感”，将试图填平自己的目标和现实之间的距离而产生的自卑感称为“对自己的自卑感”。

接下来，请大家完成下面的自卑觉察表，它将帮助你看清自己难以觉察的自卑感，并且帮助你判断自己的自卑感属于哪一个类型。

表6-2　自卑感觉察表

请按照你的实际情况回答以下问题。

1. 你目前有自卑感吗（或曾经有过）？请你审视一下现在、回忆一下过去，然后写下你具体是在什么事情上对自己感到自卑。

2. 你是怎么克服上个问题中的自卑感的？如果克服不了，后来发展成什么样子了？
   A. 克服自卑感的方法

   B. 如果没克服，后来情况如何

3. 你是怎样理解阿德勒“自卑感是人类健康、正常的发展与成长的催化剂”这句话的？

什么是比较产生的自卑感

阿德勒的学生、美国精神科医生、心理学家鲁道夫·德雷克斯将自卑感分为三种类型。

1. 宇宙自卑感

与整个宇宙相比，人的存在是何等的渺小。由这个比较产生的自卑感被称为宇宙自卑感。例如，我们乘飞机慢慢飞上高空的时候，地上的人、汽车、房子以及高楼大厦看起来也变得越来越小。体验到这种感觉以后，你可能会突然觉得自己的问题是那么地微不足道。从漫长的宇宙历史来看，人类的诞生可以说是“最近发生的事”，更不用说我们一个人的一生，对于宇宙来说就是“一瞬间的事”。在艺术、宗教、哲学等领域，对于人生的短暂与脆弱有数不清的表达。

2. 生物自卑感

第二种自卑感来自人对自己作为一种弱势生物的认知。正因为单个人类是弱小的，人类需要与他人协作、使用火、发明武器等，让文明不断发展进步。

与德雷克斯一样，阿德勒的弟子沃特·白兰·乌尔夫也指出了人的这种自卑感，他说：“回想原始社会的人类，他们既没有能在战斗中生存下来必需的‘飞毛腿’，也没有猛兽那样强壮的肌肉与锋利的牙齿，更没有敏锐的听觉和锐利的视力，因此，明显感觉到自己弱小的人们，为了保护自己不得不拼命努力着。”

3. 社会自卑感

最后一种自卑感，是一个人在和他人的力量对比中感受到自身不足而产生的自卑感，小孩在大人面前就会感受到这种自卑。“他的收入比我高”“她找到了比我更优秀的男朋友”……人活在社会中，无处不在的比较常常让我们感受到自卑。

由此可见，与阿德勒的“对他人的自卑感”“对自己的自卑感”一样，德雷克斯提出的三种类型自卑感同样说明了自卑感是从比较中产生的。

正因为自卑才有建设性行动

自卑感为什么会成为阿德勒心理学最重要的关键词

呢？这与阿德勒自己的人生经历是分不开的。第一，阿德勒是家中七兄弟里的老二，从小就在与大自己一岁零四个月的哥哥的比较中长大。也就是说，他在兄弟关系中感受着自卑感。第二，阿德勒从小患有佝偻病和支气管哮喘，曾经是一个身体虚弱的小孩。这令他在身体健康层面拥有生物自卑感。第三，阿德勒出身于犹太家庭。由于犹太人在当时的历史背景下被差别对待、被迫害，这种家庭背景也容易让他产生社会自卑感。第四，阿德勒小时候亲眼目睹一岁的弟弟死于细菌感染，学生时代还因为成绩不好留过级。正是因为有这些经历，他对疾病和学业有着不一般的关注。

阿德勒认为，一个怀有自卑感的人，必定会通过自己的行动来努力摆脱自卑感，这就是所谓的“追求优越性”。事实上，阿德勒在5岁的时候就已经立志要成为医生，并且从那时开始为考入维也纳大学医学院、然后成为医生的目标而努力。他想将负性因素转变成正性动力的愿望比一般人强得多。你可以想象，由于他自身追求卓越的经历，他的理论也反映出人要努力追求卓越的观点。

将他人卷入的自卑问题

一个人怀有自卑感的时候，他的应对方法可以分为两种：非建设性应对和建设性应对。

关于建设性应对，一会儿我们再详细说明。现在先介绍一下我们不太看好的非建设性应对方法。非建设性应对的代表就是前文提过的将自卑感发展成自卑问题。成为问题的自卑感，不只是将自卑感作为盾牌，用于回避本来应该面对的问题，更麻烦的是它还将他人卷入其中。

我们前面已经讨论过，我们之所以能感受到自卑，是因为我们将自己与别人做了比较。像这样的比较，即使在一般的人际关系中也可能带来负面的结果。如果只是单纯地感觉到与他人的差距而怀有自卑感，这是没有问题的。但是，如果因为自卑而引起妨碍别人、诽谤中伤他人、推卸责任等行为，那就另当别论了。

还有，自卑问题也有可能导致当事人自怜自哀，甚至自我伤害。这些都表明自卑问题是一种不协调的心理状态。“为什么我会如此自卑呢？”自怜自哀的结果是，当事人可能伤害自己，最严重的时候还可能自杀。

另外，自卑感也有可能发展成另一个极端，让人陷入自大感里。自大感是指过度声明自己比别人优秀，并看低别人的态度。“高中时代参加校际比赛”“在学校取得了年级前几名的成绩”“与名人曾经是同学”“出生在名门望族”，等等，像这样，喜欢夸张地宣扬自己过去的成绩、门第、人脉等，而现在什么也不做，这种状态就是自大感。

替人感受自卑感的人们

世界上，不是因为自己，而是因为配偶、孩子的状态而感受到自卑的也大有人在。这就是所谓的“替代自卑感”。

比如，有位妻子，时常向他人炫耀自己在上市公司上班的丈夫，但在丈夫被裁员后，她陷入绝望的境地，随后大肆追究丈夫的责任、挤兑丈夫。她自己在丈夫失业前后没有任何的变化，只是丈夫的变化给她带来了自卑感。

同样地，有的人，儿子考上了有名的高中，他们就像是自己考上的一样，很有优越感；而一旦孩子考试失败，他们会有自己被否定的感觉，开始怀疑人生、责备孩子，结果走上了一条被孩子怨恨的人生道路。

成为实现目标的最大激励

听到这里，你是不是觉得自卑感是一种非常可怕的情绪？一般情况下，自卑是一种被人们回避的、不被喜欢的情绪。但事实上，自卑绝不是不好的情绪。关于自卑感，阿德勒提出了以下观点。

“自卑感与自卑问题不同。它不是疾病，而是人类健康的、正常的发展与成长的催化剂。”（《个体心理学讲义》）

人类如果没有自卑感就难以在世间生存，所以我们拥有自卑感是理所当然的事情。正因为有了自卑感，建设性的努力才可能存在。

一般来说，自卑感可以从以下三个方面促进人们做出建设性的应对。

1．在体验到自卑感的领域努力达成目标

比如说，司法考试不及格的人，怀着不放弃的信念不断挑战，最后终于通过。这就是将自卑感当作弹簧，让自己踩在这个弹簧上，朝着目标方向努力前进的例子。我自己毕业于商学院，在大学并没有修过心理学。说真心话，作为从事阿德勒心理学研究的学者，与大学教授、心理治疗师们相比，我也有过自卑的感觉。但是，我将这种自卑感当作弹簧，付出了成倍的努力，更加深入地学习，这也是事实。我在广播电视大学修读了十门心理学相关的课程，并不断地提高自己，最后取得高级教育咨询师资格。不夸张地说，我现在所拥有的都是自卑感所赐。

选择与别人不同的路

2．比较自己与对手的优劣，不断提升自己的优势

这方面，我经常说的是第一位获得诺贝尔奖（物理学奖）的日本人汤川秀树博士的例子。汤川秀树是地质学家小川琢治的第三个儿子。小川家的长子小川芳树是冶金学者，次子贝塚茂树是东洋史学者，四子小川环树精通中国文学。这是地地道道的学者一家。秀树曾经被认为是四兄弟中能力最差的一位。在与其他兄弟的关系中感受到自卑的秀树认真分析自己与兄弟们的差别后，选择走物理学研究之路。他不断提升自己在物理学领域的优势，最终成为获得诺贝尔奖的大家。所以，在与兄弟、朋友的关系中感受到自卑的时候，我们不要沉沦下去，而要认真比较自己与别人的优劣，从自己的优势出发，选择适合自己的人生道路，并不断提升自己，这是我们非常常用的应对自卑的方法。换句话说，感受到自卑的人，要具备敢于选择与别人不同的人生道路的能力。

为他人和社会做贡献

3．将自卑感转变为共同体感觉，成为对别人和社会有用的人

“共同体感觉”是我们在共同体中体验到的归属感、同理心、信赖感、贡献感的总称，是阿德勒心理学非常重视的精神健康晴雨表。人们通过为共同体做贡献，在社会中找到自己的容身之处，获得归属感，成为幸福的人。而

这个过程的原动力就是自卑感。

阿德勒心理学认为，自卑感与共同体感觉呈反比关系，自卑感越强烈则共同体感觉越少。因此可以说，一个人正因为体验到了适当的自卑感，他才具有提高共同体感觉的动力。

比如，2016年，我正式启动“炒人”计划，这是一个将自己身边的人培养成作者的计划。在我的周围，存在着大量观点各异、经历丰富的人。他们拥有丰富的职业经验和优秀的资源，具有无限的可能性。只要我们推上一把，他们中就可能产生明星人物。本计划就是要将他们的知识、经验编辑成书并出版，给社会带来积极的影响。说实在话，推动这个计划的另一个初衷是我不想让一部分权威学者独占心理学世界，这也是被我的自卑感激发的计划。总之，在阿德勒心理学理论的指导下，将自己的自卑感转变为共同体感觉，去做对社会有用的事情，是应对自卑感的有效方法之一。

与自卑感情投意合的人们

下面，我想用我身边那些才华横溢、正在大展身手的真实人物的事例来进一步说明如何克服自卑。

G是我担任讲师的阿德勒心理学咨询师培训班的新学员。他为自己只有高中学历而自卑。但是我可以看得出，他拥有与学历无关的、可以在本领域有所作为的能力。所以我对他说："在这个咨询师培训班里很快就会诞生一位只有初中学历的咨询师。"这样，高中学历的他知道了，这个培训班里还有一位只有初中学历的前辈。

初中学历的那位女孩，虽然睿智和感性兼备，但也为学历烦恼过。她曾经找我这样谈过："我想念完高中，然后升入大学学习。"我表示了反对："我觉得，你无论如何都要上大学，那自然是没问题的。不过，如果你只是为了取得这个咨询师资格，就没有必要上什么大学了，因为你现在已经拥有了不逊色于大学毕业生的专业水平。没有必要因为没有大学学历而觉得低人一等。不仅如此，你还可以将自己是'初中学历的咨询师'作为卖点，让它成为你咨询师职业生涯的亮点。”所以我提醒她：“为自己学历低而自卑，像这样没有意义的烦恼就没有必要了吧!”

除了上述两个人之外，咨询师培训班中也有即将退休的学员。他们希望在退休后能够成为咨询师，并不会因为自己年纪大了而感到自卑。

将自卑感作为原动力，寻找自己的差距，并朝着自己的目标努力。如果你能将自卑感作为行动的弹簧，那么它必将成就你精彩的人生。

与自卑感一生交好

当然，你应该也是怀着各种各样大大小小的自卑感生活的人。去减弱或者消除这种情绪是没有必要的。阿德勒心理学认为，情绪是行为的副产品，不存在没有行动的情绪。因此，如果你想控制情绪，你一定要先调节你的行为。对于行为的调节，有建设性的方法，也有非建设性的方法。我认为，自卑感是让我们朝着建设性方向去行动的重要情绪。它让我们拥有自己的目标，推动我们不断朝着更好的生活前进。自卑感是我们人生路上不可缺少的朋友。可以认为，我们今天所拥有的都是我们的自卑感赐予的。

各位，你希望自己的自卑感往哪个方向发展呢？如果你善于利用自卑感帮助自己成长，你对自卑感说谢谢的日子总有一天会来临。

本章小结

1. 自卑感是串联所有负性情绪的最重要的情绪。

2. 一个人正因为有了自卑感才会试图去弥补差距，从而努力去“追求卓越”。

3. 没有必要代替别人感受自卑感。

4. 自卑感是希望提升自己的人必须要交的朋友。

5. 如果采取建设性的应对方式，自卑感就会成为我们人生中最好的朋友。

后记

你在被情绪驱使的时候，应该是烦恼很多的时候。愤怒的时候，“完了，我说了很过分的话”；不安的时候，“脑子乱糟糟的，坐立不安”；陷入抑郁的时候，“没有干劲，不知道该怎么办”；感受到自卑的时候，“怎么回事，自己已经这么差劲了啊”。

你是否有这样的感觉，负性情绪总是以这样那样的形式不时地在你心中撒下烦恼的种子。

下面说一个前些日子我到一个企业做讲座的例子。在到达企业之后，我发现准备的PPT存在问题。如果问题不解决，自然就会影响我的演讲。

"太差劲了!"脑海中瞬间浮现出这句话，但是我马上做了另外一个选择。"好吧，离讲座开始还有20分钟，就用带来的电脑修改吧。"在匆匆忙忙之中，我重新制作了资料，在讲座开始之前完成了工作。托大家的福，讲座也顺利完成，收获了听众的好评。

在这里，我想告诉大家的是，在怀有负性情绪的时候，不是有了"烦恼"，而是有了"困扰"。我们在面对困难的时候都倾向于感觉到"烦恼"，事实上应该将其命名为"困扰"。因为"困扰"可以让我们去寻找解决问题的线索。

"为什么会变成这个样子?"

"这样下去，失败是不可避免的!"

"这么说，小的时候也遭遇过类似的情况。"

"那个时候，做得也不顺啊。"

烦恼一旦生根，就会无休止地生长，从而陷入无尽的恶性循环之中。

重要的不是烦恼的事，而是困扰的事。烦恼与困扰不同。一个人在受到困扰的时候，会积极地思考用什么方法来加以应对。在思考的过程中，头脑中会涌现出许多候选的策略。运用这些智慧，就能够解决问题。

此时，自我对话是关键。自我对话就是在心中，自己与自己对话。如果想着“真没出息”“真悲催啊”，烦恼会慢慢加重，导致事态真的向最糟糕的方向发展下去。

而与情绪做朋友，将事态往可以解决的方向推动，就需要问自己“怎么办才好呢”，并进行建设性的自我对话。这时候请你问问自己：“怎么做可以跨越目前的状态？”“现在能够做的事情是什么呢？”

你面对的不是烦恼，是困扰。所以，请积极应对困扰。只要这样做，你就不会受到情绪的支配。

情绪是可以控制的。而且，情绪是支持你的好伴侣。让我们在善用情绪的基础上，去营造良好的人际关系，创造美好的人生。

最后，这本书里写的“情绪整理术”，是以我十余年来在人类协会（Human Guild，日本最大的阿德勒心理学教育培训机构）和其他企业做的三十多场公开讲座的内容，以及各种各样杂志、书本中零零散散刊载的文章为基础整理的。在此，谨向参加过讲座的朋友们致以衷心的感谢。

大和书房编辑部的高桥千春君建议我写一本《阿德勒教我们快乐地社交》的续集，在他的建议下，我写下了这本书。另外，渡边禾念大君从读者的视角修改、编辑了我粗糙的书稿。正是在他们的帮助下，才有了本书的问世。在此谨向高桥君和渡边君致谢！

衷心祝愿阅读本书的您，能够找到成就美好人生的秘诀，成为有利于别人的人。

岩井俊宪

附录1

负性情绪的目的与意义

情绪	目的	意义
愤怒	●支配对方 ●争取主导权，占领优势地位 ●维护自己的权利 ●弘扬正义	●是人际关系中最强烈的情绪。 ●有“气恼”“恼火”“盛怒”“暴怒”等不同程度。 ●背后有受伤、寂寞、悲伤、担心、胆怯等一次情绪。 ●如果一次情绪（需要）得不到满足，人将会使用愤怒这一二次情绪加以应对。
焦虑	●守护自身安全 ●驱使自己去采取行动	●存在未来（近期）必须面对的问题，且这个问题的对象模糊不清。 ●一旦转变成担心情绪，就会呈现出试图控制事物、控制对方的目的。 ●与焦虑类似的恐惧情绪，是当自身受到威胁的时候，要求个体进行紧急应对的情绪。
焦急	●警告自己对某个问题准备不足 ●为尽早进行应对提供能量	●对准备不充分的、近期必须要解决的问题，发出必须应对的警告。 ●要求尽快去填补现实与目标之间的落差。

续表

情绪	目的	意义
嫉妒	●注意到自己没有的东西在别人那里有 ● 劝退对手或拉近亲近的人	●产生于三者关系中，多伴随着怀疑。 ●可能因为厌恶、后悔而发展成为现实事件。 ●与之类似的羡慕，是当事人在与对方的二者关系中体验到的一种情绪。 ●羡慕是因为承认对方的优点而体验到的正性情绪。
抑郁	●回避要直面的问题 ●为未来储备能量	●活力低下。 ●存在用胆怯、孤独、悲伤等词语描述的轻度的抑郁，也存在用无力感、绝望感、罪恶感等词语描述的重度的抑郁，对自己没有期待。 ●有需要专业干预的情况。
自卑	●与别人比较 ●消除现状与目标之间的距离	●由身体、容貌、能力等方面的不足引起，也可能涉及社会环境等因素。 ●由理想与现实之间的差距引发，是包含着愤怒、不安（焦虑）、焦急、嫉妒、羡慕等的复合情绪。 ●这些负性情绪结合在一起形成了自卑感。

附录2

阿德勒心理学对情绪的理解

自我决定性 人类不是环境和过去经历的牺牲品，人可以主宰自己的命运。	⇨	你可以决定：是建设性地使用情绪，还是非建设性地使用情绪?
目的论 一个人的行动包含着这个人特有的目的与意义。	⇨	所有的情绪都包含着针对自己或他人的目的。
整体论 人类内心存在不同部分之间的矛盾、对立，但也是不可替代、不可分割的整体。	⇨	情绪可以补充、代替“理性回路”，使人基于“非理性回路”去行动。
认知论 人在认识事物时都会赋予其主观的意义。	⇨	情绪受一个人对情境的独特解释的影响，而这些解释基于他的知识、经验。
人际关系论 所有的行动离不开人际关系，都指向一定的对象。	⇨	人们依据不同的对象，选择是否使用情绪、怎么使用情绪。
小结	1. 情绪有正性（阳性）情绪和负性（阴性）情绪之分（阿德勒心理学称其为连接性情绪和分离性情绪）。 2. 情绪具有现在、过去和未来的时间特性。 3. 情绪是由理想（目标）与现实之间的差距产生的。	

图书在版编目（CIP）数据

浙江省版权局
著作权合同登记章
图字:11-2020-047号

阿德勒的情绪整理术 ：和emo说再见 /（日）岩井俊宪著 ；林贤浩译. — 杭州 ：浙江人民出版社，2023.1（2023.8重印）

ISBN 978-7-213-10798-6

Ⅰ. ①阿… Ⅱ. ①岩… ②林… Ⅲ. ①情绪-自我控制-通俗读物 Ⅳ. ①B842. 6-49

中国版本图书馆CIP数据核字(2022)第175250号

阿德勒的情绪整理术:和emo说再见

[日]岩井俊宪 著　　林贤浩 译

出版发行：浙江人民出版社（杭州市体育场路347号　邮编　310006）
　　　　　市场部电话：(0571)85061682　85176516
责任编辑：王　易
营销编辑：陈雯怡　陈芊如　张紫懿
责任校对：姚建国
责任印务：刘彭年
封面设计：刘　俊
电脑制版：杭州兴邦电子印务有限公司
印　　刷：杭州钱江彩色印务有限公司
开　　本：787毫米×1092毫米　1/32　　印　　张：4.5
字　　数：68千字　　插　　页：2
版　　次：2023年1月第1版　　印　　次：2023年8月第2次印刷
书　　号：ISBN 978-7-213-10798-6
定　　价：36.00元